中小河流溃堤洪水风险分析与预警

刘卫林　彭友文　梁艳红　著

中国水利水电出版社
www.waterpub.com.cn
·北京·

内 容 提 要

近年来，受全球气候变化影响，强降水诱发的中小河流洪水和山洪地质灾害等风险凸显，加强中小河流的洪水管理，对其进行洪水风险分析，对于完善防洪减灾体系具有重要意义。本书针对水文资料缺乏的中小河流，以洪灾综合风险分析研究理论体系和方法为基础，以江西省罗塘河为研究对象，将中小河流溃堤洪水数值模拟和地理信息系统有机结合，从洪水的危险性和承灾体的易损性两方面探讨了洪水风险综合评价方法，对研究区域的洪水风险进行了评价，并对洪水风险分布进行了区划；通过中小流域水文计算和水动力模型对洪水预警指标进行了研究，提出了临界水位预警指标的确定方法。全书以理论与实例相结合，内容翔实，层次分明，具有较强的实用性。

本书可作为高等院校水文水资源及相关专业高年级学生、研究生的教学参考书，也可供从事防洪系统工程规划、设计、运行管理等工作的人员阅读。

图书在版编目（CIP）数据

中小河流溃堤洪水风险分析与预警 / 刘卫林，彭友文，梁艳红著. -- 北京 : 中国水利水电出版社，2019.12

ISBN 978-7-5170-8310-8

Ⅰ. ①中… Ⅱ. ①刘… ②彭… ③梁… Ⅲ. ①河流－溃坝洪水－风险分析②河流－溃坝洪水－洪水预报 Ⅳ. ①P331.1②P338

中国版本图书馆CIP数据核字(2019)第297637号

书　　名	**中小河流溃堤洪水风险分析与预警** ZHONG-XIAO HELIU KUIDI HONGSHUI FENGXIAN FENXI YU YUJING
作　　者	刘卫林　彭友文　梁艳红　著
出版发行	中国水利水电出版社 （北京市海淀区玉渊潭南路1号D座　100038） 网址：www.waterpub.com.cn E-mail：sales@waterpub.com.cn 电话：（010）68367658（营销中心）
经　　售	北京科水图书销售中心（零售） 电话：（010）88383994、63202643、68545874 全国各地新华书店和相关出版物销售网点
排　　版	中国水利水电出版社微机排版中心
印　　刷	北京印匠彩色印刷有限公司
规　　格	184mm×260mm　16开本　7.25印张　134千字　6插页
版　　次	2019年12月第1版　2019年12月第1次印刷
印　　数	001—800册
定　　价	**48.00**元

前言

从“洪水控制”到“洪水风险管理”是国内外防洪减灾形势发展的必然要求和发展趋势，洪水综合风险分析的理论与方法研究为洪水风险管理提供科学依据，是当今的一个研究前沿和热点问题。我国中小河流数量众多，分布较广，沿河两岸的堤防工程作为抵御洪水泛滥的最后一道屏障，是我国防洪工程体系中极其重要的组成部分，在发挥巨大社会效益的同时，其潜在的风险也是客观存在的。由于很多中小河流堤防堤基条件差，洪水期间一旦发生溃决，造成的灾害可能是毁灭性的。因此，为了减少堤防溃决造成的损失，开展中小河流洪水风险分析研究，加强防洪减灾非工程措施建设，是极其必要的。本书以洪水综合风险分析研究理论体系和方法为基础，以江西省罗塘河为研究对象，将中小河流溃堤洪水数值模拟和地理信息系统有机结合，从洪水的危险性和承灾体的易损性两方面探讨了洪水风险综合评价方法，对研究区域的洪水风险进行了评价，并对洪水风险分布进行了区划；通过中小流域水文计算和水动力模型对洪水预警指标进行了研究，提出了临界水位预警指标的确定方法。

本书共分7章。第1、第2章主要对洪水风险及预警研究进行了综述，并简要介绍了研究区域；第3章针对缺乏实测水文资料的中小河流，基于MapObjects在Visual Studio 2010平台上开发了中小流域设计洪水计算软件；第4章构建了溃堤洪水一维、二维水动力学模型及其耦合模型；第5章以洪水风险分析研究体系理论为基础，建立了洪水风险评价的指标体系，对研究区进行了洪水风险评价并编制了洪水风险图；第6章通过中小流域水文计算和水动力模型对罗塘河洪水预警指标进行了研究，提出了临界水位预警指标的确定方法；第7章为全书总结和展望。

本书在撰写过程中，参阅和借鉴了国内外相关文献，在此谨向文献作者表示诚挚的谢意。另外，本书的出版得到了南昌工程学院水利工程江西省高校一流学科建设、江西省科技支撑项目（2010BSA16800）及国家自然科学基金项目（51309130）的联合资助，在此对国家自然科学基金委员会、江西省科技厅及南昌工程学院给予的支持一并表示感谢！同时，南昌工程学院水文水资源与水环境重点实验室的硕士研究生万一帆为本书的部分研究成果付出了辛勤劳动，在此一并表示衷心的感谢！

洪水数值模拟、风险分析及预警研究是一项涉及内容广泛且复杂的研究课题。本书以罗塘河下游为研究对象，在缺乏水文资料的中小河流洪水风险分析研究上作了一些有益的探索，但由于作者水平有限，且不少问题尚需做进一步的研究和探讨，不足之处在所难免，敬请同行专家和读者批评指正。

作　者

2019年9月于南昌

目录

1 绪论

1.1 研究背景及意义

洪水是人类自古以来就不断关心和研究的问题，洪水灾害（flood disaster）也是世界上最常见、对人类生活威胁最大的自然灾害之一[1]。近年来全世界每年洪灾损失高达数十亿美元，占自然灾害损失的40%以上[2]。随着社会经济的发展，城市化的快速推进，洪水灾害损失也渐趋增加。同时由于我国所处的地理位置及气候特征，因此引发的洪水也很频繁。据统计[3]，近20多年来，我国洪灾损失居高不下，全国洪涝灾害情况见表1.1和图1.1。因此，开展防洪减灾研究已成为当前面临的迫切任务。

表1.1　1990—2014年全国洪涝灾情统计表

年份	受灾面积/千公顷	成灾面积/千公顷	因灾死亡人口/人	倒塌房屋/万间	直接经济损失/亿元
1990	11804.00	5605.00	3589	96.60	239.00
1991	24596.00	14614.00	5113	497.90	779.08
1992	9423.30	4464.00	3012	98.95	412.77
1993	16387.30	8610.40	3499	148.91	641.74
1994	18858.90	11489.50	5340	349.37	1796.60
1995	14366.70	8000.80	3852	245.58	1653.30
1996	20388.10	11823.30	5840	547.70	2208.36
1997	13134.80	6514.60	2799	101.06	930.11
1998	22291.80	13785.00	4150	685.03	2550.90
1999	9605.20	5389.12	1896	160.50	930.23
2000	9045.01	5396.03	1942	112.61	711.63
2001	7137.78	4253.39	1605	63.49	623.03
2002	12384.21	7439.01	1819	146.23	838.00
2003	20365.70	12999.80	1551	245.42	1300.51
2004	7781.90	4017.10	1282	93.31	713.51

续表

年份	受灾面积/千公顷	成灾面积/千公顷	因灾死亡人口/人	倒塌房屋/万间	直接经济损失/亿元
2005	14967.48	8216.68	1660	153.29	1662.20
2006	10521.86	5592.42	2276	105.82	1332.62
2007	12548.92	5969.02	1230	102.97	1123.30
2008	8867.82	4537.58	633	44.70	955.44
2009	8748.16	3795.79	538	55.59	845.96
2010	17866.69	8727.89	3222	227.10	3745.43
2011	7191.50	3393.02	519	69.30	1301.27
2012	11218.09	5871.41	673	58.60	2675.32
2013	11777.53	6540.81	775	53.36	3155.74
2014	5919.43	2829.99	486	25.99	1573.55
平均	14571.01	8260.32	3420	250.30	1101.13

注 数据来源于国家防汛抗旱总指挥部、中华人民共和国水利部《中国水旱灾害公报 2014》。

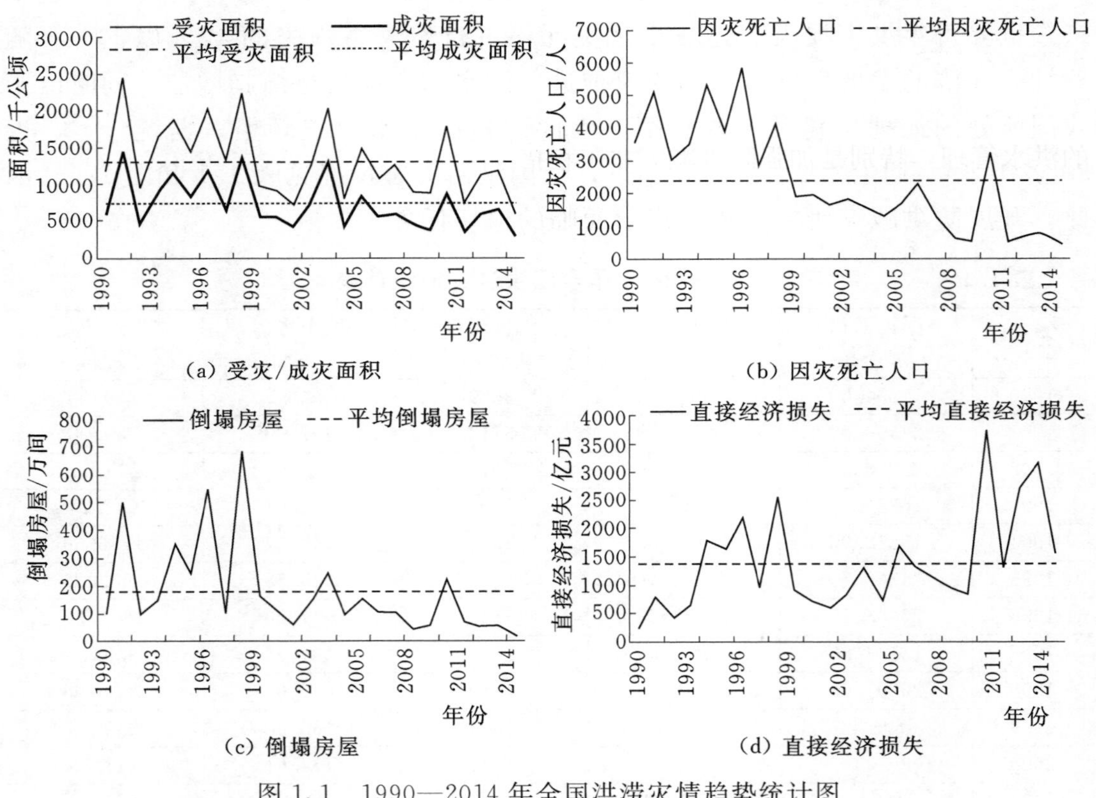

图 1.1 1990—2014 年全国洪涝灾情趋势统计图

堤防作为我国水利工程的重要基础设施，在发挥巨大社会效益的同时，其潜在的风险也是客观存在的，特别是在遭遇超标准洪水时，就有可能引发洪灾，甚至导致堤防溃决。我国中小河流数量多、分布广，基本可以覆盖了75%以上的城市和农村地区，但是一般防洪标准偏低，很多堤防在原有基础上逐年培土而成，堤基条件差，存在充填质量差、覆盖薄弱等问题。在汛期，局部强降雨常会导致中小河流的突发性洪水灾害。特别是近年来极端天气事件增多，中小流域常发生突发性暴雨，由局地强降水造成的中小河流突发性洪水频繁发生，引起的堤防漫溢甚至溃决等灾害防不胜防，对城乡尤其是重要城镇和农业主产区防洪安全构成了严重威胁[4]，已成为中小河流堤防安全管理的难点和薄弱环节。根据调查资料表明，与大江大河完备的防洪工程体系相比较，中小河流防洪工程建设步伐较缓，目前仍然是我国防洪建设的一个薄弱环节，其中还有很多不符合当地防洪标准，如果洪水漫顶甚至导致溃堤，同时又缺乏有效的防灾措施，对沿河两岸人民的生命财产安全、社会经济以及生态环境酿成的损失将难以估计[5]。另一方面，与大江大河相比，中小河流缺乏实测水文资料，大部分中小河流站网密度偏稀，缺少必要的应急监测手段，预报方案不健全，中小河流山洪预警预报和灾害防御已成为目前防洪减灾工作中突出的难点[4]。洪水预警是防汛决策的重要依据，合理的洪水预警对于提高防汛减灾效益极为重要。因此，为了减少堤防溃决造成严重损失，开展中小河流洪水风险分析及预警研究，加强中小河流的洪水管理，特别是加强防洪减灾非工程措施建设，对于科学的制定应对气候变化背景下洪涝灾害的调控策略有十分重要的意义。

针对水文资料缺乏的中小河流，本研究以洪水综合风险分析研究理论体系和方法为基础，以江西省罗塘河为研究对象，将中小河流溃堤洪水数值模拟和地理信息系统有机结合，从洪水的危险性和承灾体的易损性两方面探讨了洪水风险综合评价方法，对研究区域的洪水风险进行了评价及洪水风险分布进行了区划；通过小流域水文计算和水动力模型对洪水预警指标进行了研究，提出了罗塘河中下游堤防溃口应急对策，为中小河流洪水风险分析及防洪决策提供科学依据。本书定量评价中小河流洪水发生后果，能准确地对中小河流洪水风险进行评价，有的放矢地对堤防工程进行应急处置，加强防洪减灾的非工程措施，必将有效地节约工程投入，为防御洪水灾害，减轻堤防失事造成的生命财产损失提供有力的帮助。

1.2 国内外研究进展

1.2.1 洪水风险

自20世纪以来，由于洪水灾害给社会与环境带来的损失不断加大，美国、日本及英国、德国等一些欧洲发达国家和地区更先着手对洪水风险进行了大量的研究工作。

美国在20世纪中叶就已经开始编制洪水灾害风险图，这促进了洪水风险分析和评价方法的提出，并得到了广泛推广和应用。1968年，美国国会提出了“国家洪水保险计划”（the national flood insurance program，NFIP），其主要内容包括洪水灾害的确定及风险评估、洪泛区的管理、洪水保险和强制性的洪水保险购买要求四个部分，对洪水灾害应急管理和减灾均有极重要的借鉴价值[6]。1971年，Hewitt和Burton提出了“一地多灾”研究计划，阐述了洪水强度、重现期和灾后损失记录的观点，但是没有提出洪水灾害区划图的概念[7]。1975年由皮吉特湾议会领导的类似工作有所进步，将洪水灾害损失程度进行了划分并制作了区划图，为洪水灾害风险评价示范了新思路[8]。1983年，由美国科学基金会主持提出的“美国洪水及减灾研究计划”，就包含了洪水风险预估、防洪减灾计划评估、重新界定防洪减灾目标、制定水灾损失与防洪减灾效益的统一度量标准、防洪减灾行为中的经济数据收集等，其中的洪水风险图是用来描述洪水风险与保险费分区的地图，作为制定土地利用和开发以及保险公司赔偿标准的依据[9]。

日本是一个山多河短、降水丰富的国家，是洪灾多发区。为了将洪灾损失控制在最小范围内，在1994年发布了《洪水风险图的制作要领》，提出了编制一级河川洪水风险图的要求[10]。

此外，英国、德国等西欧国家在洪灾研究中也达到了世界先进水平[11]。

一般来说，评估洪水风险的方法有两种典型类型，即：基于水动力学的仿真模型方法和综合评价指标体系方法。2005年，Tingsanchali采用水动力学模型模拟了孟加拉国西南地区100年一遇的洪水，考虑到淹没水深和淹没时间因子，结果表明，研究区的54%为中等危险区，26%为高危险区，其余的20%为低风险区[12]。2008年，Sinha考虑地貌、土地覆盖、地形和社会经济等因素，提出了洪水风险指数（flood risk index，FRI），采用层次分析法计算了印度东部的科西河流域的洪水风险[13]。2014年，Mani基于水动力学的仿真模型，构建了一维、二维耦合模型，得到洪水淹没水深、淹没时间和流速三个参数并进行相乘，对印度北部地区洪水灾害进行了评估[14]。基于评价指标体系，Chen等考虑了人口和GDP等因素采用层次分析法（analytical hierarchy process，AHP）分析了1900—2011年期间中国自然灾害分布情况[15]。

综合评价指标体系方法是一个综合性的评价方法，采用多个指标对大中小流域的洪水风险都适用。当使用基于水动力学模型应用于中小流域的洪水风险评价时，可以很好地进行精细的数值模拟计算。

虽然大量的文献提供了洪灾损失评价领域的广泛专业知识，但是专家和学者们关于评价方法和模型的应用仍存在争议。2008 年 Jonkman 等确定了争议的三要素，并对损失的定义、损失评价及适用规模展开了讨论[16]。根据以往的研究已在许多方面定义了洪灾损失，常见的区分为直接损失和间接损失，或有形的损失和无形的损失。然而，对什么是直接影响和间接影响的解释是不同的。

Barredo[17]和 Merz 等[18]进一步表明对损失评估存在不同观点，倡导折旧值在损失评估中的运用；而 Vanneuville 等选择使用替代值进行损失评估表明，虽然替代值可能意味着简化和实际风险的高估，但是通常数据更容易获得和处理，并描述了基于风险分析的流程，如图 1.2 所示，其中包括三个阶段：洪水危险性计算、洪水易损性计算及社会经济风险计算[19]。

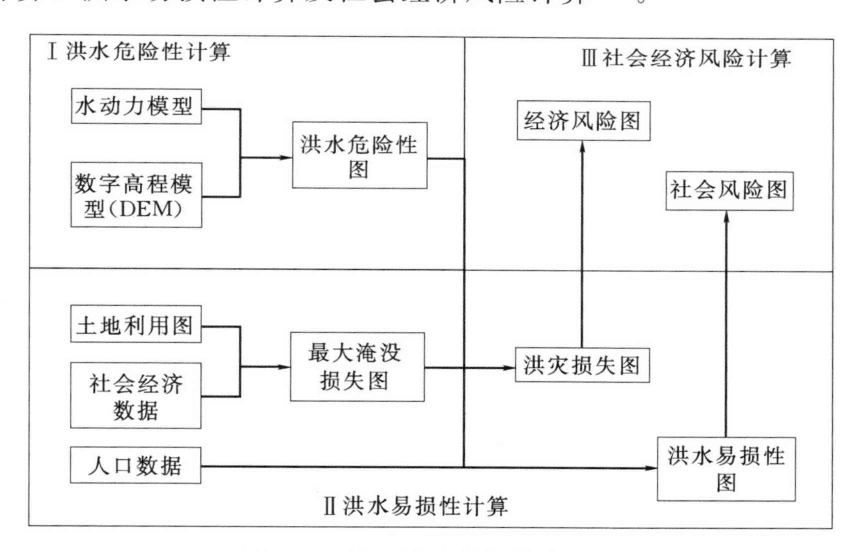

图 1.2 基于风险分析的流程图

与发达国家相比，我国洪水风险研究起步较晚，从 20 世纪 80 年代中期起，我国一些科研院所从科研的角度开展了洪水风险分析方法的研究。80 年代末 90 年代初，洪水风险分析技术开始应用到洪水风险图的绘制当中，此后，许多专家学者在洪灾风险研究方面展开了深入的研究。

1993 年，王劲峰等用年降水量的多少作为洪灾强度的分级标准，将我国划分为 14 个洪灾的流域和地区[20]。1996 年，赵士鹏根据山洪灾害的类型、成因、强度、频度和危害度特征，通过宏观综合分析，采取定性的风险评价区划方法将我国划分为六个山洪灾害特征一致性区域[21]；周孝德等利用地理信息系统对滞洪区进行洪水演进模拟，计算出不同时刻的洪水要素分布情况[22]。1999年，魏一鸣等在洪水灾害风险分析和评价方面做了大量研究，将洪灾系统定义为承灾体、致灾因子和孕灾环境组成的综合系统，并建立了洪灾风险预测、评价和决策的综合体系对洪灾风险进行定性定量的评估[23]。

进入21世纪后，随着计算机技术的快速发展，GIS与RS技术也得到了较大的提高，并全面应用于洪水灾害预测、监测、评估和决策。2000年，周成虎等利用GIS技术建立了以降雨、地形和社会经济条件等因子为指标的洪水灾害风险区划模型，并从洪灾形成机理上将辽河流域划分为低风险区、较低风险区、中等风险区、较高风险区和高风险区5个等级[24]。2001年，冯平等对城市洪水灾害损失评估和预测进行了探讨，基于洪灾损失率方法构建了以城市地区为研究对象的洪灾经济损失评价模型，给我国城市防洪决策提供了参考[25]。2002年，周魁一等提出了以孕灾、承灾、减灾三类要素建立的洪水风险综合评价指标体系来刻画全国区域洪水风险，并依据灾害的自然和社会属性建立了11个评价指标系统、超过2000个县的分析样本，通过风险模糊识别模型计算分析，在GIS支持下实现了洪水风险区划[26]。姜付仁等简要探讨了洪水风险区划的基本方法，并根据洪水淹没的可能性对我国七大流域的洪水风险从宏观上进行了初步分区，给流域防洪减灾提供了借鉴[27]。李娜基于GIS利用Visual Basic开发一套包括基础信息管理、洪水风险计算和查询、洪灾损失评估和区域防洪减灾对策等模块的洪灾风险管理系统，并为黄河下游山东段堤防溃决提供辅助决策和服务[28]。2003年，万群志运用水灾频率分析方法对岷江成都平原进行了洪水风险区划[29]。2004年，谭徐明等通过历史洪水调查，结合当前社会经济现状和自然地理特征，提出了构建区域洪水灾害风险评价的指标体系，经过数理统计分析并运用模糊聚类的方法绘制了以县为边界的全国洪水风险区划图[30]；兰宏波在洪水数值模型研究成果的基础上，提出了洪灾风险区的划分标准，并采用模糊分析法将洪泛区划分为严重灾区、中等灾区、轻灾区、安全区等4类风险区[31]。2005年，张行南等以上海市为例，考虑防洪工程的分布及影响，利用GIS和模糊数学分析法探讨了洪水风险图绘制的基本原理和方法，为城市防洪决策提供了思路和技术保障[32]；唐川等以红河流域为例，利用GIS的空间分析功能，对山洪灾害的危险性和易损性进行了评价，完成了红河流域的山洪灾害风险区划图[33]。2006年，田国珍等通过经验系数法和水灾成因分析法，综合考虑了降雨、地形等危险性因子和人口密度、人均GDP、耕地密度及道路密度等易损性因子，基于GIS对我国洪水灾害风险进行了区划[34]。2007年，闻珺综合考虑洪水灾害风险评价指标的易损性、暴露性、危险性以及防洪减灾措施因子的详细分析，以浙江台州市黄岩地区为例，构建了洪水灾害评价指标体系和洪水灾害风险评估模型[35]。2008年，刘家福等以淮河流域为例，通过孕灾环境稳定性、致灾因子危险性和承灾体易损性分析，以及地形、河网密度、降雨量、人口密度及GDP密度等指标分析，基于层次分析法和地理信息系统，以县为行政单元，采用“加”模型计算公式得到了洪水灾害综合风险评价图[36]。2010年，刘国庆基于地理信息系统运用模糊综合评价方法，考虑到自然环境地域性和社会经济因素构建了重庆市洪灾风险模糊综合评价模型[37]。2011年，李明辉等基于层次分析法，提出了中小河流洪水风险评价指标的选择原则，构建了1个系统层、4个子系统层和10个要素层的评价指标及其评价模型，并将该模型应用于江西省乌江流域洪水风险评价的研究，得出了乌江流域防洪高风险、较大风险、一般风险、低风险、无风险各种情况下的概率[38]。2012年，郭燕波以辽河流域为例建立了洪灾风险评价指标体系，并进行洪灾风险等级的划分，制定了相应的洪灾风险管理应急对策[39]；李琼以层次分析法、主成分分析法、神经网络方法以及信息扩散的模糊数学方法等分析技术为手段，构建了洪水灾害风险评估的理论框架、指标体系、方法与模型，并对风险程度进行了评价与等级划分，同时借助GIS绘制出相应的风险区划图[40]。2014年，张兴毅等以江西省为研究对象，选取灾害诱因、受灾体承灾机能、灾害潜藏环境及防灾减灾效能等四个指标作为综合评价指标，利用GIS对洪涝灾害风险性指标进行计算，得出了江西省洪涝灾害风险区划图[41]。2015年，向立云探讨了洪水风险图编制过程中存在的洪水量级的选择、基础资料的要求、洪水分析方法的选择、洪水组合原则与边界条件的确定、模型参数率定与模型验证要求、中小河流洪水计算方法选择、单溃口和多溃口的判别、洪水区划及其指标的选择等问题，为洪水风险图编制技术与管理人员提供了参考[42]。

科学技术的发展使计算机软硬件性能都得到了很大提升，同时也加快了数值模拟软件开发的发展进程，一系列洪水数值模拟软件被开发出来。如丹麦水利研究所开发的MIKE系列软件[43]、美国陆军工程兵团水文工程中心开发的HEC软件[44]和威廉玛丽大学弗吉尼亚海洋科学研究所开发的EFDC软件[45]，以及荷兰Delft大学WL Delft Hydraulics开发的Delft3D等[46]水文水动力学软件在国际上的应用十分广泛，促进了洪水风险综合评价分析与管理的发展。

1.2.2 洪水预警

洪水是导致自然灾害频频发生的严重因素之一，对于防洪减灾来说，洪水预报是必不可少的非工程措施。国外对洪水的研究治理可以追溯到15世纪，同时对于相关的预警预报来说也形成了较为成熟的系统和方法。针对中小河流洪水灾害的问题，已有许多国家正着力于高效监测与及时预警预报的研究当中，力求将灾害造成的损失降到最低，并取得了一系列研究成果。

许多研究机构开发了基于分布式水文模型的管理系统，可对山洪灾害进行预测及监控。例如国家气象局水文研究中心（HRC）提出山洪早期预警临界指标（FFG）[47,48]，该方法结合降雨量、下垫面分布情况以及土壤含水量等多方面的因素，动态调整预警指标，具有相当的敏感性且适用性较好[49]。意大利Pro GEA公司开发了基于Topkapi分布式水文模型的中小河流洪水预报系统[50]。马里兰大学与美国国家河流预报中心研制了分布式水文模型山洪预报系统（HEC-DHM）[51]。

我国中小河流众多，山洪频发，通常造成严重的人财损失。当前我国中小河流洪水预报预警技术研究还处于初级阶段，监测预警系统尚在试点建设中。2008年，叶勇等结合浙江省小流域山洪灾害防御的实践经验，提出了以水位反推法计算临界雨量的方法[52]。2010年，许五弟分析了淤地坝溃坝的暴雨洪水特征及其影响因素，从地理信息角度对这些因素进行信息解析形成模型参数，以之为基础构建了淤地坝溃坝预报预警地理信息模型[53]。2012年，刘志雨介绍了国内外常用的山洪预警预报技术方法，提出了我国山洪预警预报模型与方法选择的原则和步骤，并以江西遂川江流域为例，将基于动态临界雨量的山洪预警方法和基于分布式水文模型的山洪预报方法进行了应用[54]。2013年，李铁键基于智能手机、云计算等信息技术，提出并初步实现了一个用于资料缺乏山区洪水预警系统的框架[55]。2014年，叶金印基于新安江模型，提出了动态临界雨量的山洪预警方法，该方法综合考虑了地区土壤饱和度、土壤含水量以及洪灾前的三个特殊时段的最大降水量。利用该方法结合淠河流域2003—2009年地面雨量站降雨资料以及次典型洪水过程资料，率定了新安江模型参数并用次历史个例对所建立山洪动态临界雨量判别函数进行了应用检验，山洪预警合格率表明该方法用于山洪预警是可行的[56]。同年，罗堂松等以诸暨市大唐镇为例，通过小流域水文水力计算，以临界水位与临界雨量进行了山洪灾害预警指标的分析和计算[57]。2019年，长江科学院研发了“山洪灾害在线监测识别预警方法及其预警系统”提供了一种山洪灾害在线监测识别的预警方法，其快速判别等优点有效降低了小流域山洪灾害的危险性，并在云南、四川等地得到应用[58]。

1.3 研究内容与技术路线

1.3.1 研究内容

综上所述，对于缺乏水文资料的中小河流，可以利用小流域设计洪水计算方法推求已知断面不同频率的洪水过程，再通过水动力模型对溃堤洪水演进进行数值模拟，从而获得洪水风险分析的危险性指标，结合研究区社会经济等承灾体易损性指标，可以对堤防溃决影响进行风险评估和区划，在此基础上进行预警。本书以江西贵溪罗塘河干流右岸石垅至出口段堤防保护区为研究对象，主要研究内容归纳如下：

（1）开发小流域设计洪水计算软件。针对缺乏实测水文资料的中小河流，基于 MapObjects 在 Visual Studio 2010 平台上开发小流域设计洪水计算软件，实现参数快速查询功能，并将推理公式法和瞬时单位线法融合在软件中，可以快速精确地计算中小流域不同频率的设计洪水过程，为溃堤洪水演进模型提供数据基础。

（2）构建溃堤洪水演进模型。以河网、地形和不同频率设计洪水资料等数据为基础，构建罗塘河溃堤洪水一维、二维水动力学模型及其耦合模型，对河道堤防溃决洪水泛滥进行了数值模拟，模拟得到洪水泛滥过程中的淹没水深、淹没流速和淹没历时等洪水危险性指标。

（3）建立洪水风险评价指标体系。根据溃堤洪水演进模拟结果得到洪灾危险性指标，结合堤防保护区的社会经济分布等承灾体易损性指标，以洪灾风险分析研究体系理论为基础，围绕洪水灾害风险的本质特征，建立洪水综合风险评价的指标体系。

（4）对研究区进行溃堤风险评价并编制洪水风险图。根据建立的溃堤洪水综合风险评价指标体系，对堤防溃决影响进行风险评估和区划，并编制洪水风险图。

（5）洪水风险预警与应急对策研究。针对水文资料缺乏的中小河流，通过小流域水文计算和 MIKE 水动力模型对罗塘河洪水预警指标进行研究，提出临界水位预警指标的确定方法及应急对策。

（6）总结研究取得的成果，并根据实际情况指出本书研究存在的一些亟待解决的问题与将来的研究方向。

1.3.2 技术路线

研究技术路线为：数据库构建—模型构建—风险识别—风险评价—预警研究，如图 1.3 所示。

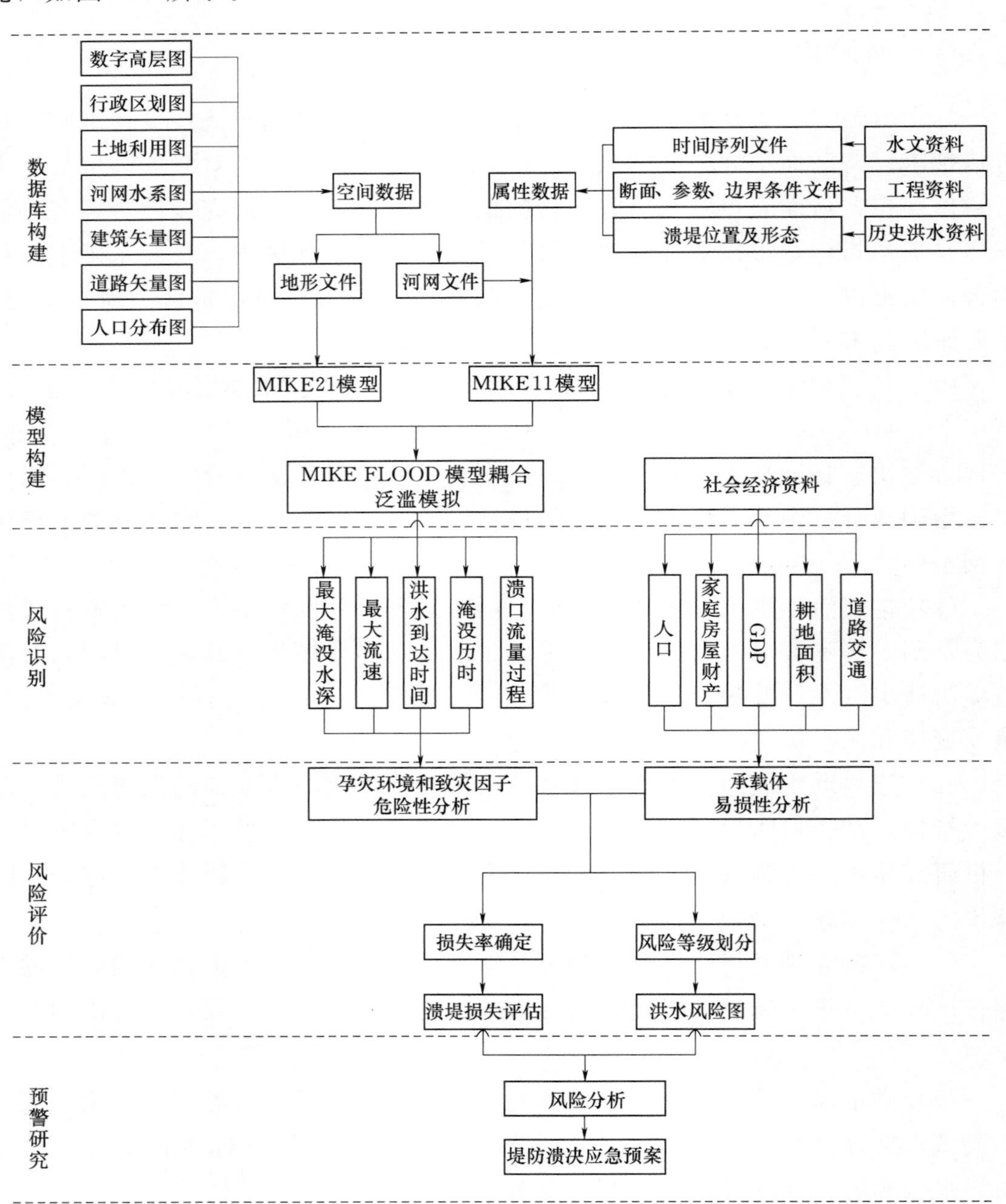

图 1.3 研究技术路线图

2

研 究 区 概 况

2.1 地理位置

贵溪市位于江西省东北部，信江中下游，东经 115°55′至 117°28′，北纬 27°50′至 28°27′。罗塘河为信江的一条一级支流，位于信江左岸，罗塘河出口

图 2.1 研究区域示意图（后附彩图）

与信江左岸交汇，为信江河的迎冲面，河势较猛，水流较复杂，河口历年自然淤积，现已形成一片较大滩地。该地区低洼地带较多，地面高程大都为28～35m，汛期受洪水威胁较严重，洪涝灾害已严重影响城市社会经济发展的新要求。

研究区域是罗塘河堤防石垅段至河道出口段右岸的下游地区，包括下游重文、雷溪、富港、张家桥等行政区域。该区域有320国道等重要道路交叉纵横，人口密集，农田密布，是信江流域的重点防洪保护区，如图2.1所示。为此，保证罗塘河两岸的防洪安全以及该段的河势稳定具有十分重要的意义。

2.2 地质概况

2.2.1 地形地貌

罗塘河由南向北经罗河镇至周家流入信江河内，河曲发育，地势起伏平缓，区域内主要为低丘地貌和河流冲积堆积地貌。

低丘地貌主要分布在罗塘河两岸，东部挂榜山等地，山体边坡陡峭，地形起伏较大，冲沟发育，植被不甚发育，局部为岩石裸露。山体多由红砂岩、含砾砂岩组成，山峰海拔多在100m以下，最高峰挂榜山，海拔164m。西边有丘陵低岗地貌，常延伸至罗塘河、信江河边，组成无堤江岸，地势相对较低，地面高程为30～40m，地形大部分较平缓，坡度大多在10°以下，部分坡度为16°～20°，因河流地质作用，罗塘河常见冲刷侵蚀现象。

河流冲积堆积地貌：信江河、罗塘河及其支流两侧，均分布有狭长的冲积平原，地面高程约28～33m。以河流冲积平原地貌为主，河谷较宽阔，两岸Ⅰ级阶地呈断续不对称分布，高程一般为30.30～32.60m，宽数十米至数百米不等，区内分布有水渠、水塘等地表水系。大片的阶地、滩地、谷地多已开辟为城区或农田。

南部罗塘河两岸河道多为自然岸坡，在局部地段以道路或近年平整房屋场地时，填筑形成了简易的护岸。

研究区内无较大塌滑等不稳定体及其他不良物理地质现象。

2.2.2 地层岩性

研究区出露地层主要由两大部分组成，一是白垩系砂岩，二是沿河谷阶地及冲积小平地有部分第四纪全新覆盖层等。

（1）白垩系砂岩（K_2）。主要分布于研究区大部分地区，岩性主要为砾岩、砂砾岩、含砾砂岩、粉砂岩等。

（2）第四系地层广布于研究区各低洼地段及坡麓，其成因与岩性较为复杂，厚度变化也较大。分述如下：

1）全新统残积相（elQ_4）。岩性主要为砖红色、棕红色网纹状黏土、壤土，零星分布于丘陵山麓地带。

2）全新统冲积相（alQ_4）。岩性主要为黏土、砂壤土与砂砾卵石，主要分布于罗塘河阶地与河床以及较大冲沟中。

2.2.3 地质构造与地震

研究区位于扬子准地台、下扬子—钱塘台坳、弋阳—玉山台陷、信江凹陷构造单元中，区内基底分布为白垩系巨厚层状沉积砂岩，断裂构造发育，主要呈北东向及北西向，由于区内覆盖较厚，其构造形迹不甚清晰。

据《中国地震动参数区划图》（GB 18306—2015），圩区地震动峰值加速度小于0.05g，地震动反应谱特征周期为0.35s，相应地震基本烈度小于Ⅵ度，区域稳定性较好。

2.2.4 水文地质

本区水文地质条件比较简单，地下水的主要类型为基岩裂隙水和第四系松散堆积物孔隙水。

区内岩体构造裂隙水水量较贫乏，基岩裂隙水赋存于基岩裂隙中。红砂岩风化带厚1～3m，地表残坡积物覆盖层较薄。据对多个泉井调查，流量为0.06～0.15L/s，属水量贫乏区。

松散岩类孔隙水：赋存于第四系松散堆积层中，区内分布甚广，以河相冲积层富水性强，是本区的主要含水层。罗塘河冲积平原地下水量丰富，埋深一般为2～3m。含水层为河道Ⅰ级阶地全新统冲积层，该层具二元结构，上部为壤土、砂壤土，富水性较弱，中下部为含卵（砾）砂层，富水性强。据有关部门抽水试验成果，单位涌水量为2.86～16.39L/(s·m)；单井涌水量为1705～3083m^3/d。Ⅱ级阶地因含泥质较多，富水性中等，单井涌水量平均为299.31m^3/d。山间河溪冲积层，含水层薄，一般厚1～3m，极不稳定，分选性差，富水性亦较弱，单位涌水量为0.1～0.43L/(s·m)，地下水位埋深较浅，一般为1.0～2.5m。

区内地下水资源丰富，分布范围广，水量丰沛，透水性能强。地下水除接受大气降水补给外，与河水水力联系密切，丰水期接受河水的侧向补给，枯水期则排泄于河流中，该孔隙水具微承压性质。

2.3 气候水文

罗塘河流域地处亚热带湿润季风气候区，研究区内四季分明，雨量充沛，据实测资料统计，其主要的气象要素如下：

(1) 气温。多年平均气温为18.2℃，极端最高气温为41℃，极端最低气温为-7.5℃。

(2) 湿度。多年平均相对湿度为76%。

(3) 无霜期。多年平均无霜期272.6d。

(4) 蒸发。多年平均蒸发量为1640.1mm（200mm蒸发皿）。

(5) 风速与风向。多年平均风速为2.2m/s，最大风速为16.7m/s，相应风向为SSE。风向、风速受季风影响而变化，夏季多偏南风，冬季多偏北风，7、8月常有台风影响。

(6) 降雨。多年平均降水量为1839.0mm，多年平均降水日数为161d。境内降雨年际变化大，实测最大年降水量为2736.2mm，发生在1998年，最小年降水量1056.8mm，发生在1971年。降雨年内分配也极不均匀，降水主要集中在4—6月，3个月降水量占全年降水量的49%，为大雨和暴雨多发季节，往往造成洪水灾害。而7—9月降水量明显减少，常出现高温干旱天气。最大一日降水量为241.0mm；最大三日降水量为513.2mm。最大一日和最大三日降水日期多发生在6月。

2.4 历史洪涝

罗塘河流域所在的赣东北地区是江西省三大暴雨中心之一，历史上罗塘河下游曾多次遭受洪水灾害，据有关史料记载，从清代（1674年）至1948年275年间，罗塘河下游曾出现30次大洪水，平均每9年一次，使人民生命财产受到极大的损失。从历史记载和历史调查资料看，近百余年来，以1878年洪水为最大，1935年次之[59]。

1878年为信江全流域大水，上游支流广丰水军潭、溪车河段，石溪水大坳、沙潭河段，铅山水罗湖河段，中游支流横峰水河段等地均有反映。罗塘河回水倒流，信江干流洪水倒灌至贵溪市新田坂。该次洪水在弋阳、梅港等地的洪水均高出 1955 年洪水位 0.8～0.14m，余干县梅港（集雨面积 15535km^2）洪峰流量达 18300m^3/s。

1935 年 6 月 21 日、24 日、27 日信江三次洪峰叠连，玉山、上饶、弋阳、贵溪、余江、余干等县沿河两岸，一片汪洋，房屋田亩尽为泽国，信江流域广丰、上饶、铅山、横峰、弋阳、贵溪、余江、余干 8 县淹没农田 74.1 万亩，受灾 9.27 万户，49.81 万人。

中华人民共和国成立以后信江流域发生大洪水的年份主要有 1955 年、1967 年、1989 年、1992 年、1995 年、1998 年，其中以 1955 年洪水最大，1998 年洪水次之。

有关罗塘河洪水调查，原长沙市水利水电勘测设计院 1960 年在罗塘河花桥站调查到 1906 年、1948 年、1958 年洪水流量分别为 654 m^3/s、358 m^3/s、194 m^3/s，洪水位分别为 103.98m、103.32m、102.53m。上饶水文站于 1971 年罗塘河薛家洲站调查 1967 年、1969 年、1970 年、1971 年洪峰流量分别为 650 m^3/s、430 m^3/s、447 m^3/s、395 m^3/s。

2.5 堤防建设现状及存在的问题

2.5.1 堤防建设现状

罗塘河下游左岸有新田圩堤，右岸为雷溪圩堤。新田圩堤起始于塘湾镇大桥方家，沿河岸线，止于罗塘河河口潜岭处，岸线全长 15.331km，潜岭段堤顶高程为 36.00～41.00m，樟槎段为 41.00～48.80m，堤顶宽 1.6～3.0m；雷溪圩堤起始于雷溪乡端港圳畔张家，止于罗塘河河口石泉金家，堤线全长 13.680km，堤顶高程为 32.84～47.77m，堤顶宽 1.6～3.2m；防洪标准为 10 年一遇。

2.5.2 堤防存在的问题

罗塘河下游堤防堤身填土成分主要为砂土夹砂卵砾石，局部砾质中壤土、含少量砾轻壤土、含少量砾重砂壤土，具中等透水性。

通过历史险情调查和现场地质勘察资料分析，罗塘河下游防洪工程主要存在的问题为河道淤积、堤基渗漏以及岸坡稳定等。

2.5.2.1 堤基渗漏问题

根据地层岩性差异，新田圩堤地质结构类型可划分为 6 类：Ⅰ1、Ⅰ2 亚类单一结构，Ⅱ1、Ⅱ2 和Ⅱ3 亚类双层结构，Ⅲ类多层结构。其中可产生堤基渗透稳定问题的堤基地质结构类型如下：

（1） Ⅱ3 亚类双层结构。堤基由砂性土构成，防渗性能差。

（2） Ⅱ2 亚类双层结构和Ⅲ类多层结构。此类堤基上部为薄黏性土，下部为中强透水性的砂及砂砾卵石层，当堤内分布有渊塘时，黏性土盖层有效厚度被削弱，堤基抗渗性能较差，汛期在持续高水位下，罗塘河水沿渗径较短、防渗盖层较薄弱处产生渗透破坏。

2.5.2.2 岸坡稳定问题

据勘察，新田圩堤岸坡地层结构基本与相应堤段地质结构相同，其中Ⅰ1亚类堤基为岩体，岸坡抗冲刷能力强，以及Ⅱ2 亚类堤基多为黏性土和砂岩层，岸坡抗冲刷能力较好外，其他 3 类结构地层为第四系全新统冲积层，岸坡抗冲刷能力差，不利于堤岸稳定。

当堤岸处在迎流顶冲位置时，下部砂性土质的顶面高程接近甚至高于外河枯水位，此时的砂性土正处于最大流速范围，很容易被浪蚀淘蚀及冲刷从而形成浪蚀龛，造成岸坡崩塌，影响堤防的稳定与安全性。

2.5.2.3 河道淤积问题

由于工程区河道蜿蜒曲折，宽窄不一，造成河道沿线淤积严重，洲滩众多，在河道变宽处及弯道区域内凸岸出现大面积淤积，局部出现倒坡，严重抬高了河道的洪水位，并对凹岸岸坡造成冲刷。

2.6 社会经济概况

研究区域主要涉及贵溪市罗塘河中下游雷溪乡。雷溪乡位于贵溪市郊，东邻流口镇，南连塘湾、金屯镇，西接罗河镇，北与雄石毗邻，行政区域面积为 $44km^2$，辖 9 个行政村，53 个村小组，总人口为 18236 人。共有耕地 17182 亩，是贵溪市商品蔬菜生产的主要基地，蔬菜种植成为农业产业结构调整的主要方向，蔬菜生产是人民当地民众收入提高的主要途径。现有山地面积 11900 亩，果业发展迅速，橘、梨、桃、李等品种齐全。雷溪交通便利，距市区仅 9km，贵塘公路纵横南北，直抵 320 国道。通信基础设施健全，程控电话光缆布满全乡各村，实现了村村通，移动通信公司分别在境内设立基站，无线通信网络便利。

2.7 小结

本章从地理位置、地形地貌、岩性与地质构造、气候条件、水文条件、历史洪水灾害以及社会经济等方面大致介绍了研究区的基本情况，简单地分析了堤防建设现状及存在的问题。该地区低洼地带较多，地面高程大都为28～35m，汛期受洪水威胁较严重。历史上罗塘河下游曾多次遭受洪水灾害，据有关史料记载，从清代（1674年）至1948年274年间，罗塘河下游曾出现30次大洪水，平均每9年一次。洪涝灾害使人民生命财产受到极大的损失，已严重影响区域社会经济发展的新要求。虽然罗塘河下游两岸已建堤防，然而由于堤防工程存在的河道淤积、堤基渗漏以及岸坡稳定等问题，在发生标准洪水或超标准洪水时，极有可引起堤防漫溢甚至溃决，继而引发洪水灾害，造成重大的洪灾损失。因此，以罗塘河中下游段为研究对象，开展溃堤洪水风险分析，对于加强中小河流的洪水管理及减少溃堤洪水带来的损失具有十分重要的意义。

3 中小流域设计洪水计算

在水利工程中，总是会遇到中小流域设计洪水问题，它的特点是服务目标多，要求各不相同，分布面积广泛，且多数在缺乏甚至全无暴雨洪水实测资料的区域，影响了设计洪水的计算结果。目前，江西省中小流域设计洪水计算主要通过使用2010年编制的《江西省暴雨洪水查算手册》［简称《手册》(2010)］查算图表计算方法，利用瞬时单位线法和推理公式法推求中小流域的设计洪水[60]。然而，这些方法存在涉及参数较多的问题，由于参数的选取具有不可避免的不确定性，会产生较大误差从而影响计算结果的精度，所以，如何准确地确定这些参数，是提高设计洪水计算精度的关键所在[61]。本章以《手册》(2010)为基础，以简单、快速、准确得出中小流域设计洪水计算为目标，通过GIS软件及MapObjects控件相结合，探索出了一套简单、快速、准确的中小流域暴雨洪水参数查询和设计洪水程序化的方法，为精确快速地提供所需要的各频率设计洪水基础数据提供技术支持。

3.1 基本理论

3.1.1 产流计算

在《手册》(2010)中，江西省把全省分为9个产流计算区域，对不同的区域编制了不同降雨对应的径流关系表，本书中小流域设计洪水计算涉及的产流计算过程步骤简述如下。

3.1.1.1 点暴雨量计算

首先通过查暴雨参数图集确定工程所在地点暴雨均值 P 和变差系数 C_v，然后通过设计频率 p 和 C_v 值查模比系数 K_P 值，则工程所在地点设计频率 p 的暴雨量值 $P_p = P \cdot K_p$。此外，3小时点暴雨量为

$$P_{3p}=P_{1p}\cdot{}^{1-n_2} \tag{3.1}$$

其中
$$1-n_2=1.285\cdot\lg(P_{6p}/P_{1p}) \tag{3.2}$$

式中 P_{1p}、P_{3p}、P_{6p}——设计频率 p 的 1、3、6 小时点暴雨量，mm；

n_2——暴雨递减指数。

3.1.1.2 面暴雨量计算

面暴雨量的计算首先根据流域面积 F 和暴雨历时 t 小时查《手册》(2010) 附图 6-1，得对应历时下的点面系数 a，则面暴雨量为

$$P_p=P\cdot K_p\cdot a \tag{3.3}$$

3.1.1.3 净雨计算

根据《手册》(2010) 提供的 1 小时和 3 小时暴雨时程分配计算表对暴雨过程进行时程分配计算，同时计算各时段累积雨量；然后，由产流分区图查算流域所在分区，确定流域最大蓄水量 I_M 及前期土壤含水量 P_a，并根据降雨径流相关图计算出累积径流量；计算 24 小时平均暴雨强度 $I=H_{24}/24$，查算稳定下渗率；最后将各时段累积径流量扣除初损和稳渗得到 24 小时累积净雨过程。

3.1.2 汇流计算

江西省在中小流域设计洪水计算中，采用的汇流计算方法有推理公式法和瞬时单位线法，本书中主要运用瞬时单位线法。

3.1.2.1 推理公式法计算原理

中国水利水电科学研究院陈家琦等自 1956 年起就开始针对小流域暴雨洪水计算方法开展研究，于 1958 年提出了水科院推理公式；《手册》(2010) 中沿用了该推理计算公式[60,62]，即

$$Q_t=0.278h/t\cdot F \tag{3.4}$$

$$\tau=0.278L/mJ^{1/3}Q_\tau^{1/4} \tag{3.5}$$

式中 Q_t——流量；

h——净雨量；

F——流域面积；

J——河道平均比降；

L——河长；

m——汇流参数。

从式（3.4）和式（3.5）中可以看出，推理计算公式主要需要定量确定的是汇流参数 m 值[63]。参数综合分为单站综合和地理综合两个环节，选取单站稳定的 m 值作为代表值，$L/J^{1/3}$ 为地理指标，全省共划分为 9 个区，各个分区建立相关关系，m 值分区计算见表 3.1。

表 3.1　　m 值分区计算表

区号	应用地区	稳定下渗 f_c 经验公式	汇流参数 m 经验公式
Ⅰ	赣江水系：廉水、湘水、平江、桃江 珠江水系：江西辖区	$f_c=0.172I$	$m=0.380(L/J^{1/3})^{0.208}$
Ⅱ	赣江水系：遂川江、章水	$f_c=0.196I$	$m=0.492(L/J^{1/3})^{0.164}$
Ⅲ	乌江、孤江、蜀水、禾水、泸水及相连的赣江部分	$f_c=0.190I$	$m=0.245(L/J^{1/3})^{0.260}$
Ⅳ	赣江水系：袁水、锦江 洞庭湖湘江水系：江西辖区	$f_c=0.197I$	$m=0.150(L/J^{1/3})^{0.315}$
Ⅴ	抚河水系	$f_c=0.132I$	$m=0.221(L/J^{1/3})^{0.286}$
Ⅵ	信江水系	$f_c=0.177I$	$m=0.231(L/J^{1/3})^{0.312}$
Ⅶ	饶河水系：乐安河、昌江	$f_c=0.182I$	$m=0.100(L/J^{1/3})^{0.437}$
Ⅷ	修水水系	$f_c=0.160I$	$m=0.128(L/J^{1/3})^{0.391}$
Ⅸ	外洲、李家渡、梅港、石镇街、永修站以下至湖口区间和长江中下游江西辖区	$f_c=0.140I$	$m=0.165(L/J^{1/3})^{0.299}$

注　表中 J 为主河道平均比降，以千分率（‰）表示；I 为净雨强度，单位为 mm/h；L 为主河道长度，单位为 km。

江西省小流域设计洪水过程线计算采用五点概化法推求地面流量过程，地面洪水过程叠加地下径流过程便为一次洪水过程。五点概化法各点坐标见表 3.2。

表 3.2　　各转折点坐标

坐　标	起涨点 a	起涨段转折点 b	洪峰 c	退水段转折点 d	终止点 e
流量 $Q_t/(m^3/s)$	0	$0.1Q'_m$	Q'_m	$0.2Q'_m$	0
时间 t/h	0	$0.1T$	$0.25T$	$0.5T$	T

在江西省内面积小于50km²的流域都适用推理公式法计算设计洪水。首先通过《手册》(2010)附图查相关暴雨参数并计算相应净雨过程，然后运用式(3.4)计算 Q_t-t 曲线，运用式(3.5)计算 $Q_\tau-\tau$ 曲线。然后在同一坐标系中点绘 Q_t-t 曲线和 $Q_\tau-\tau$ 曲线，交点对应的流量和时间即为所要求的地面设计洪峰流量和汇流时间。求得地面设计洪峰流量后依照五点概化法计算地面洪水过程线，同时对地下径流按所在区域地下径流计算公式进行回加计算，地面、地下径流叠加便为所求的一次洪水过程。

3.1.2.2 瞬时单位线法计算原理

瞬时单位线是指在单位时段内均匀落到流域内的单位净雨量在流域出口断面形成的地面径流过程线，假如净雨计算时段趋近于瞬时，对应的径流过程线称为瞬时单位线，利用瞬时单位线来推流的方法称为瞬时单位线法[64,65]。其基本计算公式为

$$u(0,t)=\frac{1}{K\Gamma(n)}\left(\frac{t}{k}\right)^{n-1}e^{\frac{t}{k}} \tag{3.6}$$

$$m_1=nk=AI^{-\beta} \tag{3.7}$$

式中 $u(0,t)$——瞬时单位线；

n、k——瞬时单位线参数；

m_1——洪峰滞时；

$\Gamma(n)$——伽马函数；

A——系数；

I——平均降雨强度；

β——与流域面积和河道比降有关的参数。

将江西省划分为9个计算区，分区建立相关图。参数 n 与流域面积 F 的大小有关，其中 n 与 F 的关系没有明显区域性差别，全省统一取用。参数 n 与流域面积 F 的关系见表3.3；m_1 值计算公式见表3.4。

表3.3　n、F 关系表

F/km²	<10	10～200	200～1000
n	1.5	2	3

江西省运用推理公式法计算小流域设计洪水一般适用于流域面积在50～1000km²范围内的流域。首先通过《手册》(2010)附图查相关暴雨参数并计算相应净雨过程，然后通过面积查表3.3确定 n 值，根据表3.4计算 m_1 值，

表 3.4 m_1 计算公式

区号	应用地区	经验公式
Ⅰ	赣江水系：廉水、湘水、平江、桃江 珠江水系：江西辖区	$m_1=n\cdot K=2.289(F/J)^{0.262}(1/10)^{0.073\lg(F/J)-0.371}$
Ⅱ	赣江水系：遂川江、章水	$m_1=n\cdot K=1.874(F/J)^{0.270}(1/10)^{0.0457\lg(F/J)-0.302}$
Ⅲ	乌江、孤江、蜀水、禾水、泸水及相连的赣江部分	$m_1=n\cdot K=5.624(F/J)^{0.143}(1/10)^{0.1348\lg(F/J)-0.500}$
Ⅳ	赣江水系：袁水、锦江 洞庭湖湘江水系：江西辖区	$m_1=n\cdot K=3.470(F/J)^{0.227}(1/10)^{0.039\lg(F/J)-0.302}$
Ⅴ	抚河水系	$m_1=n\cdot K=2.324(F/J)^{0.303}(1/10)^{0.0810\lg(F/J)-0.374}$
Ⅵ	信江水系	$m_1=n\cdot K=3.524(F/J)^{0.237}(1/10)^{0.034\lg(F/J)-0.292}$
Ⅶ	饶河水系：乐安河、昌江	$m_1=n\cdot K=3.950(F/J)^{0.209}(1/10)^{0.045\lg(F/J)-0.315}$
Ⅷ	修水水系	$m_1=n\cdot K=3.421(F/J)^{0.158}(1/10)^{0.0431\lg(F/J)-0.345}$
Ⅸ	外洲、李家渡、梅港、石镇街、永修站以下至湖口区间和长江中下游江西辖区	$m_1=n\cdot K=2.915(F/J)^{0.191}(1/10)^{0.046\lg(F/J)-0.330}$

注 式中河道比降 J 以千分率（‰）表示。

通过 n 与 m_1 值计算 $K(K=m_1/n)$。由计算时段 Δt、n 和 K 值查《时段单位线用表》计算各时段无因次单位线 $u(t,\ \Delta t)$。通过时段单位线及时段净雨计算地面径流过程。地面径流过程与地下径流回加计算结果叠加，便得到设计洪水过程线。

3.2 基于 MapObjects 的中小流域水文水利计算

3.2.1 总体设计

本书开发的应用程序主要包括暴雨洪水参数的自动查算和设计洪水过程的计算两个模块，在程序设计过程中两个模块分别设计，然后把自动查算模块中的结果传递到设计洪水模块中，以使参数自动查算和洪水计算有机地融为一体。

3.2.1.1 参数自动查算模块设计

参数查算是中小流域设计洪水计算的前提条件，暴雨洪水参数查询的准确性将影响设计洪水计算的精度，因此参数查算模块设计过程中需要基于以下基本原则：①界面设计具有交互性原则；②注重设计过程的管理原则；③注重设计的整体性原则[49]。运用 GIS 构建基础数据查询数据库，包括产汇流分区、各时段的变差系数和暴雨均值等，然后在 VB.net 平台上，利用 MapObjects 控件开发暴雨参数自动查算模块，参数自动查算模块设计流程如图 3.1 所示。

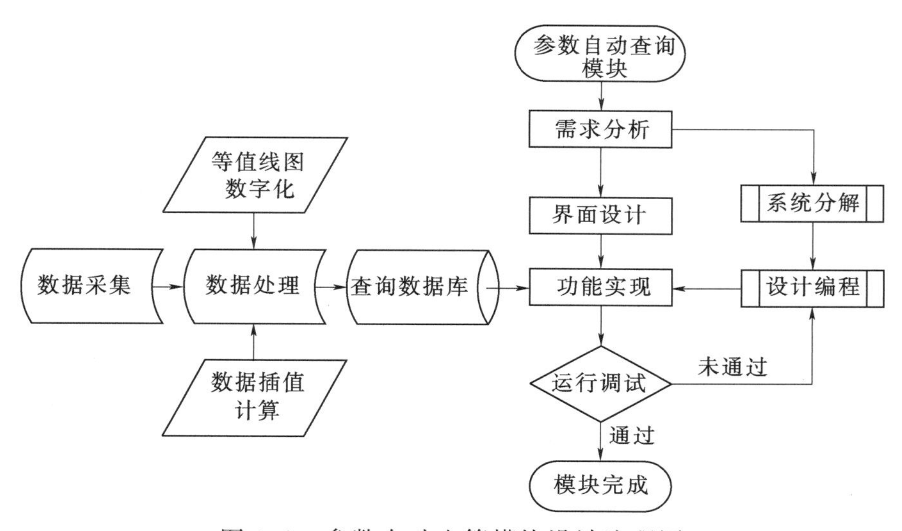

图 3.1 参数自动查算模块设计流程图

3.2.1.2 中小流域设计洪水计算模块设计

在获得暴雨洪水参数后，为了保证实现洪水计算程序化的精度，运用 VB.net 编程过程中也需要遵循以下原则：

（1）界面设计从简原则。

（2）注重系统规划、分类原则。

（3）计算成果准确、输出便捷原则。

设计洪水计算模块设计流程如图 3.2 所示，在流程图的基础上依据不同的设计洪水计算方法，通过编程语言开发出中小流域设计洪水计算模块，如图 3.3 所示。

3.2.2 程序功能实现

根据江西省小流域设计洪水计算的实际情况，参照《手册》（2010）提供的小流域设计洪水计算方法，以此实现江西省中小流域设计洪水计算的程序化，其实现流程如图 3.4 所示。

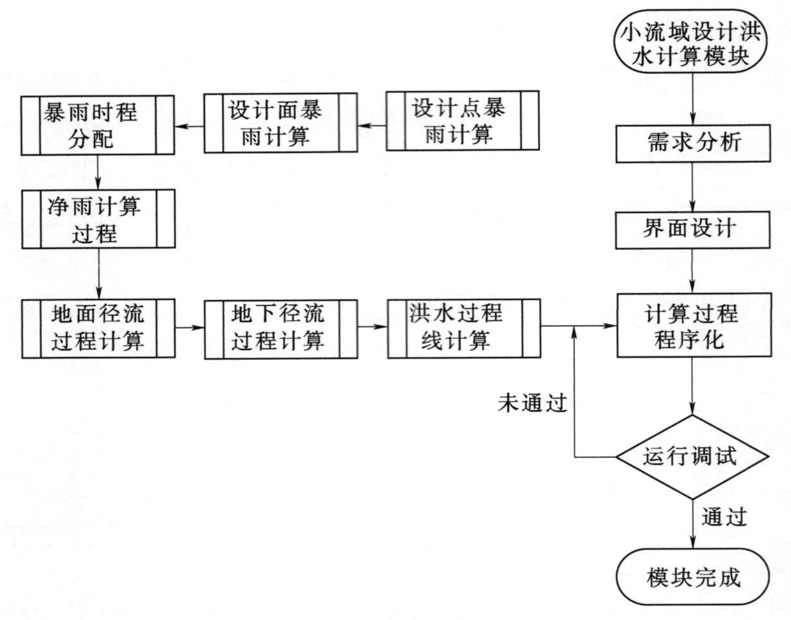

图 3.2 中小流域设计洪水计算模块设计流程图

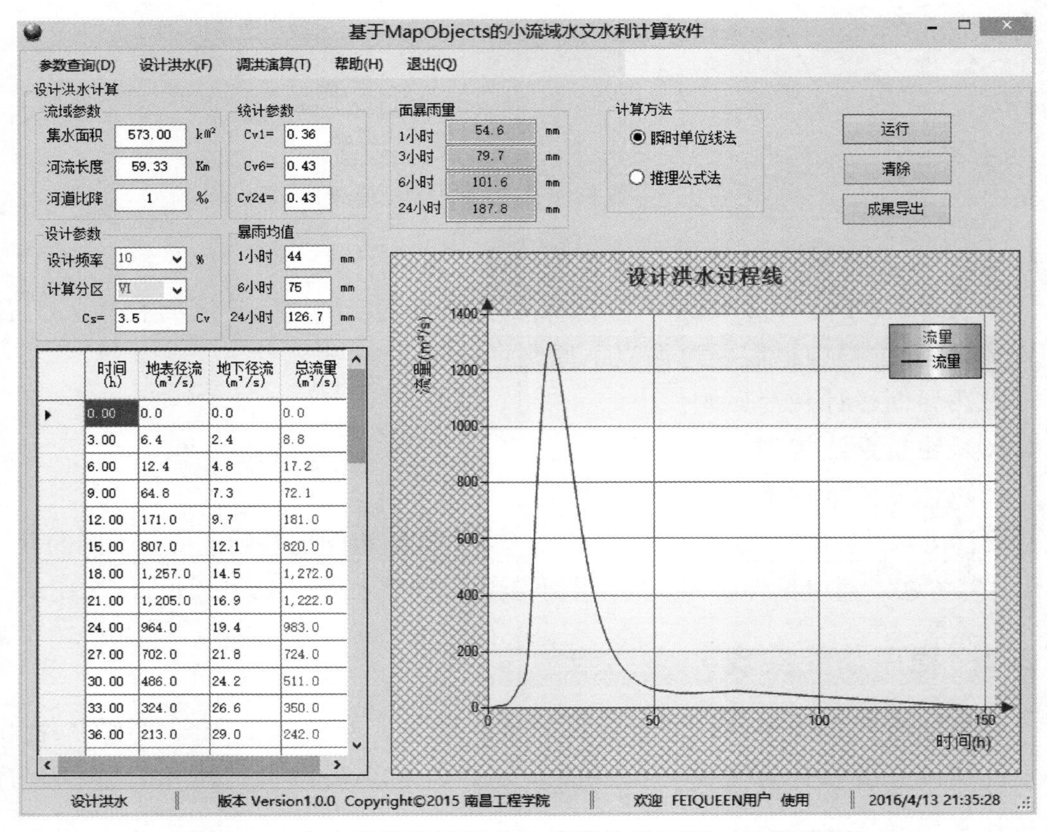

图 3.3 中小流域设计洪水计算模块界面图（后附彩图）

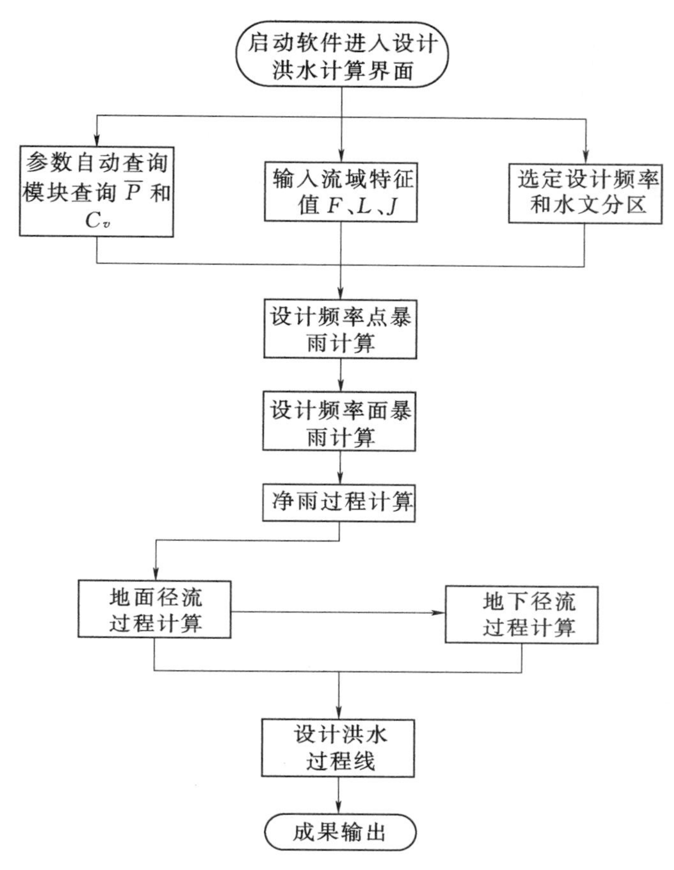

图 3.4　中小流域设计洪水计算程序化实现流程图

3.3　研究区设计洪水计算

罗塘河流域属信江流域，发源于闽赣两省交界的武夷山脉的贵溪市清茅境，自南向北流经双圳、境坪、文坊、金屯、塘湾、雷溪、罗河、流口、滨江、雄石等十个乡镇（场），于雄石镇桥背周家处注入信江。干流基本为南北走向，略偏西。该流域属亚热带季风气候，四季分明，雨量充沛，日照时间长，多年平均气温为 18.2℃，多年平均降雨量为 1839mm，多年平均相对湿度为 76%。

3.3.1　暴雨洪水参数自动查询

本书设计洪水的推求采用瞬时单位线法和水文比拟法两种方法来推求。应用“基于 MapObjects 的中小流域水文水利计算软件”可迅速的得出所想要获取的参数，在参数查询模块中的统计参数，只需在底图中点击工程位置中心或者输入坐标即可获得相应统计参数。河长量算、流域面积量算、河道比降均可在图上进行勾勒与计算。经量算，罗塘河研究区域石垅坝坝址以上控制流域面积为 573km^2，主河道长 59.333km，主河道纵比降为 1‰。然后，根据坝址位置和流域特征值查图按式（3.1）～式（3.3）推求设计暴雨，本次设计暴雨采用自主开发的“基于 MapObjects 的中小流域水文水利计算软件”计算。设计暴雨各时段雨量特征值见表 3.5。

表 3.5　　设计暴雨各时段雨量特征值

项目		时段			
		H_1	H_3	H_6	H_{24}
暴雨均值/mm		44	—	75	126.7
C_v		0.36	—	0.42	0.43
C_s/C_v		3.5	—	3.5	3.5
K_p	$p=10\%$	1.48	—	1.56	1.57
	$p=5\%$	1.69	—	1.82	1.84
点暴雨设计值/mm	$p=10\%$	65.1	93.3	117	198.9
	$p=5\%$	74.4	107.9	136.5	233.1
点面折算系数 α		0.8386	0.8508	0.8635	0.9442
面暴雨设计值/mm	$p=10\%$	54.6	79.4	101	187.8
	$p=5\%$	62.4	91.8	117.8	220.1

3.3.2 瞬时单位线法推求设计洪水

罗塘河研究区域设计洪水推求相关参数采用《手册》（2010）查得，应用“基于 MapObjects 的中小流域水文水利计算软件”，采用瞬时单位线法计算设计洪水，如图 3.3 所示。经计算罗塘河石垅段 $p=10\%$的洪峰流量为 1272m^3/s，$p=5\%$的洪峰流量为 1580m^3/s，见表 3.6 和表 3.7。

3.3.3 水文比拟法推求设计洪水

罗塘河流域相近的水文站点有弋阳水文站、梅港水文站和柏泉水文站等，

表 3.6 罗塘河石垅断面（$p=10\%$）瞬时单位线法推求设计洪水过程

时间/3h	流量/(m^3/s)	时间/3h	流量/(m^3/s)
0	0	25	60.5
1	8.84	26	58.1
2	17.2	27	55.7
3	72.1	28	53.2
4	181	29	50.8
5	820	30	48.4
6	1272	31	46
7	1222	32	43.6
8	983	33	41.1
9	724	34	38.7
10	511	35	36.3
11	350	36	33.9
12	242	37	31.5
13	170	38	29
14	124	39	26.6
15	94.8	40	24.2
16	74.6	41	21.8
17	63.6	42	19.4
18	59.8	43	16.9
19	53.8	44	14.5
20	53.3	45	12.1
21	53.7	46	9.68
22	55.1	47	7.26
23	56.1	48	4.84
24	58.5	49	2.42

其中柏泉水文站位于信江水系白塔河中上游，站址控制流域面积 562km^2，不论是流域特征还是控制面积都与罗塘河流域比较接近，因此考虑选取柏泉水文站为罗塘河研究区域的水文比拟站，选取 1958—2002 年 45 年实测洪峰流量系列，并将 2010 年洪峰流量作为 200 年一遇特大值处理，进行频率计算，经 P－

表 3.7 罗塘河石垅断面（$p=5\%$）瞬时单位线法推求设计洪水过程

时间/3h	流量/(m^3/s)	时间/3h	流量/(m^3/s)
0	0	25	71
1	14.2	26	68.2
2	27.6	27	65.3
3	97.5	28	62.5
4	247	29	59.6
5	1042	30	56.8
6	1580	31	54
7	1488	32	51.1
8	1185	33	48.3
9	862	34	45.4
10	598	35	42.6
11	409	36	39.8
12	282	37	36.9
13	196	38	34.1
14	141	39	31.2
15	107	40	28.4
16	88	41	25.6
17	75.5	42	22.7
18	65.2	43	19.9
19	63.5	44	17
20	62.7	45	14.2
21	62.2	46	11.4
22	64.6	47	8.52
23	65.8	48	5.68
24	68.7	49	2.84

Ⅲ型曲线适线得到该站的设计洪水，采用柏泉站为参证站根据面积比的 n 次方推求断面设计洪水为

$$Q_s=\left(\frac{F_s}{F_c}\right)^n\cdot Q_c \tag{3.8}$$

式中 Q_s——河道计算断面的设计洪水，m^3/s；

Q_c——柏泉站设计洪水，m^3/s；

F_s——河道计算断面的控制流域面积，km^2；

F_c——柏泉站控制流域面积，柏泉站为 $562km^2$；

n——面积比指数，取 $n=0.67$。

经计算，设计洪水成果见表 3.8。

表 3.8　柏泉站推求设计洪水成果表

地点	控制流域面积/km^2	$p=10\%$洪峰流量/(m^3/s)	$p=5\%$洪峰流量/(m^3/s)
柏泉站	562	1133	1380
罗塘河	573	1148	1398

3.3.4　设计洪水合理性分析

通过比较可以看出，运用瞬时单位线方法计算的洪水成果比水文比拟法计算的洪水成果大 10%～13%，考虑到柏泉水文站在白塔河流域，从流域特征上略有差别，偏安全考虑应优先选取瞬时单位线法的计算成果，即罗塘河研究断面设计洪水 $p=10\%$ 的洪峰流量为 $1272m^3/s$，$p=5\%$ 的洪峰流量为 $1580m^3/s$。

同时，为检验本次洪水计算成果的合理性，将计算结果与白塔河流域的设计洪水成果进行比较，结果详见表 3.9。

表 3.9　设计洪水成果比较表

地点	集雨面积/km^2	洪峰流量 Q/(m^3/s)		洪峰模数 $Q/F^{2/3}$	
		$p=10\%$	$p=5\%$	$p=10\%$	$p=5\%$
白塔河	562	1133	1380	16.64	12.70
罗塘河	573	1272	1580	18.44	13.46

从比较成果可见，本次罗塘河洪水洪峰模数与同地区白塔河同频率洪峰模数相近，符合洪峰模数统计规律，所以本次推求的断面设计洪水成果基本上是合理的。

3.4　小结

本章针对缺乏实测水文资料的中小河流，以《手册》(2010) 为基础，介绍了江西省中小流域设计洪水计算基本原理。然后，结合江西省中小流域设计洪水计算的实际特点，以简单、快速、准确得出中小流域设计洪水计算为目标，通过 VB. net 编程技术及 MapObjects 控件的联合运用，探索出了一套简单、快速、准确的中小流域暴雨洪水参数查询和设计洪水程序化的方法，以此开发了一个适合江西省中小流域设计洪水计算的软件系统，采用该软件可以快速精确地计算中小流域不同频率的设计洪水过程，为溃堤洪水演进模型提供数据基础。最后，以罗塘河为例，求得研究断面设计洪水过程，$p=10\%$的洪峰流量为$1272m^3/s$，$p=5\%$的洪峰流量为$1580m^3/s$，并对其合理性进行了分析，结果表明可以适用于江西省中小流域的设计洪水计算。

4 溃堤洪水数值模拟

4.1 引言

堤防作为我国水利工程的重要基础设施，在发挥巨大社会效益的同时，其潜在的风险也是客观存在的，特别是在遭遇超标准洪水时，就有可能引发洪灾，甚至导致堤防溃决。我国中小河流数量众多、分布较广，不少堤防是在原民堤的基础上经历数年逐渐加高培厚而成，往往存在填筑质量差、覆盖薄弱等问题。特别是近年来极端天气事件增多，中小流域常发生突发性暴雨，由局地强降水造成的中小河流突发性洪水频繁发生，引起的堤防漫溢甚至溃决等灾害防不胜防，对城乡尤其是重要城镇和农业主产区防洪安全构成了严重威胁，已成为中小河流堤防安全管理的难点和薄弱环节。因此，采用先进的数学模型从时间与空间维度模拟溃堤洪水演进过程，对评估堤防溃堤对区域的影响以便更好地为区域的防洪救灾提供服务、最大程度地保障人民的生命财产安全具有现实意义。

目前洪水演进的数值模拟方法主要有一维模型和二维模型。若洪水从河道中在漫顶或溃堤后进入到堤防保护区，仅仅一维或者二维来模拟都不能真切地反映实际情况，把两者巧妙地耦合起来才更能反映洪水的泛滥过程。丹麦水利研究所（danish hydraulic institute，DHI）开发的 MIKE FLOOD 是一个成熟的一维/二维动态耦合的洪水模拟商业软件，具有很高的自主灵活性，使用户能够在模型的一部分区域中使用二维的细化分析，同时在其他区域仍然可以使用一维模型模拟[66-70]。同时，MIKE FLOOD 支持 GIS 平台和技术进行模型的自动开发和洪泛图的计算，便于模拟结果的后期处理与展示。因此，本章以罗塘河中下游段为研究对象，通过耦合设计洪水计算的瞬时单位线法和 MIKE FLOOD 模型，对贵溪市罗塘河下游段溃堤洪水演进过程进行模拟，得到溃口流量过程和堤防保护区淹没信息，为中小河流洪水风险分析和灾害损失评估提供科学依据。

4.2 洪水演进水动力学模型

4.2.1 MIKE 11 水动力模型

MIKE 11 是一维水动力学模型，在河道、城市管网、蓄滞洪区、沿海地区以及堤坝溃决等各种洪水问题的解决中都有广泛应用。MIKE 11 模型的核心是一维水动力模块，采用六点 Abbott – Lonescu 格式求解一维非恒定流基本方程组，即圣维南方程组[68,71]。

4.2.1.1 一维非恒定流基本方程组

一维河网水动力模型控制方程采用一维非恒定流 Saint – Venant 方程组，包括反映水流质量守恒定律的连续性方程和反映动量守恒定律的运动方程[68,72]。

连续性方程（质量守恒方程）：

$$\frac{\partial A}{\partial t}+\frac{\partial Q}{\partial x}=q \tag{4.1}$$

动量方程（流体动量守恒方程）：

$$\frac{\partial Q}{\partial t}+\frac{\partial\left(\alpha\,\dfrac{Q^2}{A}\right)}{\partial x}+gA\,\frac{\partial h}{\partial x}+\frac{gQ|Q|}{C^2AR}=0 \tag{4.2}$$

式中 x——空间坐标；

t——时间坐标；

Q——过流流量，m^3/s；

q——旁侧入流流量，m^3/s；

A——过水断面面积，m^2；

h——水位，m；

R——水力半径，m；

C——谢才系数，$m^{1/2}/s$；

α——动量校正系数；

g——重力加速度，m/s^2。

4.2.1.2 边界条件

（1）给定 $z=z(t)$

$$\Delta Q_1=F_1\Delta z_1+G_1 \tag{4.3}$$

$$\Delta z_1=\frac{\Delta Q_1}{F_1}-\frac{G_1}{F_1} \tag{4.4}$$

如果选 $F_1=10^4\sim10^5$，那么有 $\Delta Q_1/F_1\approx0$，则

$$G_1\approx-F_1\cdot\Delta Z_1 \tag{4.5}$$

(2) 给定 $Q=Q(t)$

$$\Delta Q_1=F_1\Delta z_1+G_1$$

这里 $\Delta Q_1=Q_1^{n+1}-Q_1^n$，设 $F_1=0$，则

$$G_1\approx\Delta Q_1 \tag{4.6}$$

(3) 给定 $Q=Q(z)$

这里 $Q(z)$ 或者是多项式，或者是表格给出的值。

$$\Delta Q_1=F_1\Delta z_1+G_1$$

由定义，$\Delta Q_1=Q_1^{n+1}-Q_1^n$，$Q_1^n$ 为已算得的值。另外从给定的边界条件有

$$Q_1^{n+1}=Q(z_1^n)+\frac{\mathrm{d}Q(z)}{\mathrm{d}z_1}\Delta z_1 \tag{4.7}$$

所以

$$Q_1^n+\Delta Q_1=Q(z_1^n)+\frac{\mathrm{d}Q(z)}{\mathrm{d}z_1}\Delta z_1 \tag{4.8}$$

$$\Delta Q_1=Q(z_1^n)-Q_1^n+\frac{\mathrm{d}Q(z)}{\mathrm{d}z_1}\Delta z_1=\frac{\mathrm{d}Q(z)}{\mathrm{d}z_1}\Delta z_1+Q(z_1^n)-Q_1^n \tag{4.9}$$

于是可得

$$F_1=\frac{\mathrm{d}Q(z)}{\Delta z_1} \tag{4.10}$$

$$G_1=Q(z_1^n)-Q_1^n \tag{4.11}$$

明显地，$G_1\approx0$，它可以作为一种校核。

综上所述，模型可以应用的边界条件有：固定的常量 h 或 Q，随时间变化不同的 $h(t)$、$Q(t)$ 或 $Q(h)$ 关系曲线（仅仅只能表示下游的关系边界）。选择的边界条件的类型取决于数据和实际情况。典型的上游边界条件包括洪水过程线，典型的下游边界条件包括恒定水位、时间序列的水位或可靠的水位流量关系曲线。

4.2.2 MIKE 21 水动力模型

MIKE 21 是二维水动力学模型，可以在二维空间模拟计算河流洪水演进、海洋波浪运动以及泥沙迁移和水质环境等相关问题。MIKE 21 集成的 Windows 图形用户界面、高效的计算引擎、强大的 GIS 数据接口和 GIS 数据处理工具等为工程应用、海岸管理及规划提供了完备的功能，其诸多优点受到

行业内的认可与推崇[69,73]。

4.2.2.1 二维水流模型基本方程组

二维洪水演进模型控制方程采用平面二维非恒定流 Navier - Stokes 方程组，包括水流连续性方程和动量方程[69,74]。

水流连续方程：

$$\frac{\partial z}{\partial t}+\frac{\partial}{\partial x}(hU)+\frac{\partial}{\partial y}(hV)=0 \tag{4.12}$$

水流运动方程：

$$\frac{\partial U}{\partial t}+U\frac{\partial U}{\partial x}+V\frac{\partial U}{\partial y}+g\frac{\partial z}{\partial x}+g\frac{u\sqrt{u^2+v^2}}{C^2h}=v_t\left(\frac{\partial^2 u}{\partial x^2}+\frac{\partial^2 u}{\partial y^2}\right) \tag{4.13}$$

$$\frac{\partial V}{\partial t}+U\frac{\partial V}{\partial x}+V\frac{\partial V}{\partial y}+g\frac{\partial z}{\partial y}+g\frac{v\sqrt{u^2+v^2}}{C^2h}=v_t\left(\frac{\partial^2 v}{\partial x^2}+\frac{\partial^2 v}{\partial y^2}\right) \tag{4.14}$$

式中 x、y——空间坐标；

t——时间坐标；

z——水位，m；

h——水深，m；

U、V——x、y 方向流速，m/s；

u、v——垂线平均流速在 x、y 方向的分量，m/s；

C——谢才系数，$C=(1/n)h^{1/6}$，n 为曼宁糙率系数；

v_t——紊动黏性系数；

g——重力加速度，$\mathrm{m/s^2}$。

4.2.2.2 边界条件

（1）固壁边界。利用岸壁法，取垂向流速为 0 或流速为 0，其表达式为

$$v=0 \text{ 或 } u=v=0 \tag{4.15}$$

（2）开边界。可采用边界流速过程、水（潮）位过程或流量过程，沿边界网格线方向求得流速分量等纳入过程计算，也可采用通量边界条件。其表达式为

$$\overline{V}=\overline{V}(t),Z=Z(t),Q=Q(t),\xi=\xi(t) \tag{4.16}$$

4.2.2.3 参数求解

（1）CFL 数（收敛条件判断数）。对笛卡尔坐标系中的浅水方程式，CFL（$CFL<1$ 模型稳定）数定义如下：

$$CFL=(\sqrt{gh}+|u|)\frac{\Delta t}{\Delta x}+(\sqrt{gh}+|v|)\frac{\Delta t}{\Delta y} \tag{4.17}$$

式中 Δx、Δy——x 和 y 方向特征长度；

Δt——时间间距；

u、v——流速在 x 和 y 方向上的分量，m/s；

h——总水深，m；

g——重力加速度，m/s^2。

（2）涡粘系数。水平涡粘系数使用 Smagorinsky 公式计算：

$$v_H = c_s^2 l^2 \sqrt{S_{ij} S_{ij}} \tag{4.18}$$

式中 c_s——一个常数；

l——特征长度；

S_{ij}——变形率。

（3）底床摩擦力。底床摩擦力 $\overline{\tau}_b$ 依据四分摩擦力定律计算，公式如下：

$$\overline{\tau}_b = \rho_0 \frac{g}{(Mh^{\frac{1}{6}})^2} \overline{u}_b \left| \overline{u}_b \right| \tag{4.19}$$

式中 ρ_0——水的密度；

g——重力加速度，m/s^2；

M——与曼宁系数呈倒数关系；

h——总水深，m；

$\overline{u}_b$——近底床流速，m/s。

4.2.3 MIKE FLOOD 耦合模型

MIKE FLOOD 是一维/二维的动态耦合模型，集成的一维/二维模型的概念可以进一步扩展到二维模型与一维管网模型的动态耦合，这已然提高了二维模型的能力，可以应用于城市洪涝的模拟[70]。利用这种内部耦合的方式，既发挥了一维模型计算经济的优点，满足长时段长河段的计算要求，又发挥了二维模型模拟细致的特点，对重点区域进行更加细致的模拟研究，避免了采用单一模型时遇到的网格精度和准确性方面的问题，发挥了模型更大的实际应用价值。

在 MIKE FLOOD 中，关于 MIKE 11 和 MIKE 21 的耦合有四种连接方式[70,74]：

（1）标准连接。指把 MIKE 21 网格单元与一段 MIKE 11 河道（或结构物）相连。

（2）侧向连接。指把 MIKE 21 网格单元从侧面连接到 MIKE 11 的部分或整个河道，适用于水流从河道漫流到洪泛区的动态模拟。

（3）结构物连接。指把 MIKE 11 结构物中的水流项直接加到 MIKE 21 动量方程中，适用于 MIKE 21 中存在结构物的水流模拟。

（4）零流动连接。当一个 MIKE 21 网格被定义为 x 或 y 向零流动连接的时候，这表示网格单元的右边界没有流量通过。零流动连接是为了确保 MIKE 21 的洪泛区水流不会从河道的一侧直接跨过河道而流向另一侧，是对侧向连接的补充。在某些情况下，也可以通过把 MIKE 21 的网格单元设置为陆地网格单元的方式来替代零流动连接，但是这种方法受到网格分辨率的制约，而当洪泛区中有狭长的结构物（道路、堤防等）存在的时候，零流动连接方式会比把网格单元设置为陆地单元的方式更好。

4.3 溃堤洪水演进数值模拟

4.3.1 计算工况

计算工况 1：当罗塘河石垅断面以上区域遭遇暴雨 $p=5\%$（校核洪水，洪峰流量为 $1580m^3/s$），雷溪圩堤华林段溃决，决口形态采用罗塘河 1998 年历史形态（瞬溃，决口长度为 50m），溃堤洪水向堤外演进，引起农田泛滥，道路被淹。

计算工况 2：当罗塘河石垅断面以上区域遭遇暴雨 $p=10\%$（设计洪水，洪峰流量为 $1272m^3/s$），溃口位置和形态与工况 1 相同。

4.3.2 水动力模型建立

4.3.2.1 模型数据预处理

1. 地形模型

罗塘河溃堤洪水模型计算区域的地形模型主要是根据江西省测绘局绘制的 1∶10000 地形图和鹰潭市水利电力勘测设计院的测量图数据生成，再通过对关键点进行实地考察，利用 GIS 技术建立罗塘河下游右岸的数字高程模型[75]，如图 4.1 所示。地形模型的主要构建步骤如下：

（1）在 ArcGIS 中，选择投影坐标系，对扫描的地形图进行配准校正。

（2）绘制研究区范围边界，利用 MIKE 的转换工具，将 shp 格式转换为 xyz 数据格式。

（3）建立一个带有（x，y，z）三维空间格式的数据，即新建包含 x、y、z 字段的图层，然后分别在地形图上将研究区范围内的已知高程点赋值给 z，最后利用 GIS 的空间计算功能，计算各个高程点的 x、y 坐标位置。

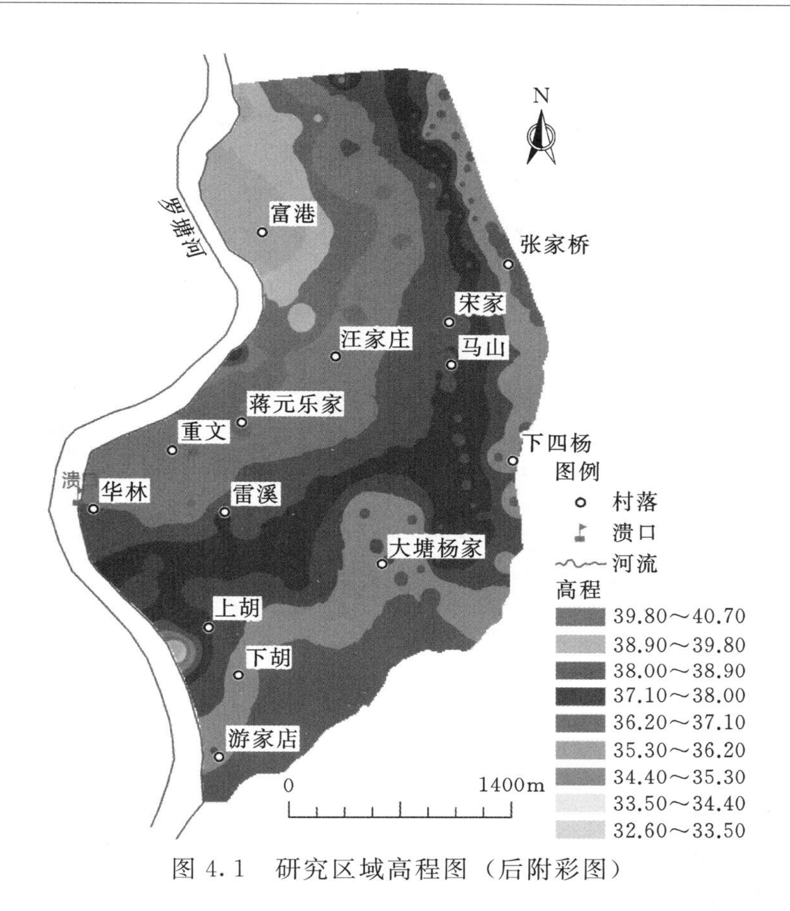

图 4.1 研究区域高程图（后附彩图）

（4）将所建立的图层属性表导出为 MIKE 软件所需要的 xyz 文本数据格式。

（5）在 MIKE 中，利用 Mesh Generator 剖分网格，再对高程值进行插值处理，则可获得建模所需的地形文件。

2. 计算网格

计算流体力学（computational fluid dynamics，CFD）的发展不仅依赖于流体力学、数值分析、计算几何和计算机科学等多门学科的交叉融合，更依赖于网格剖分技术、数值计算方法的发展，计算网格一般可以分为结构化网格和非结构化网格[76]。

目前，很多市售的洪水模型采用结构化（正方形或矩形）网格。这些结构化网格模型的优点是容易设置，同时可以进行高效率的计算；缺点是无法沿着一定的角度排列网格。所以不能很好地反映现实中那些相对狭窄的弯曲河道等地形，如图 4.2（a）所示；只能减小网格尺度来趋近，但与此同时计算量相应地明显增加了，如图 4.2（b）所示。

相比之下，更加灵活的网格模型通常使用非结构三角形和四边形相结合的

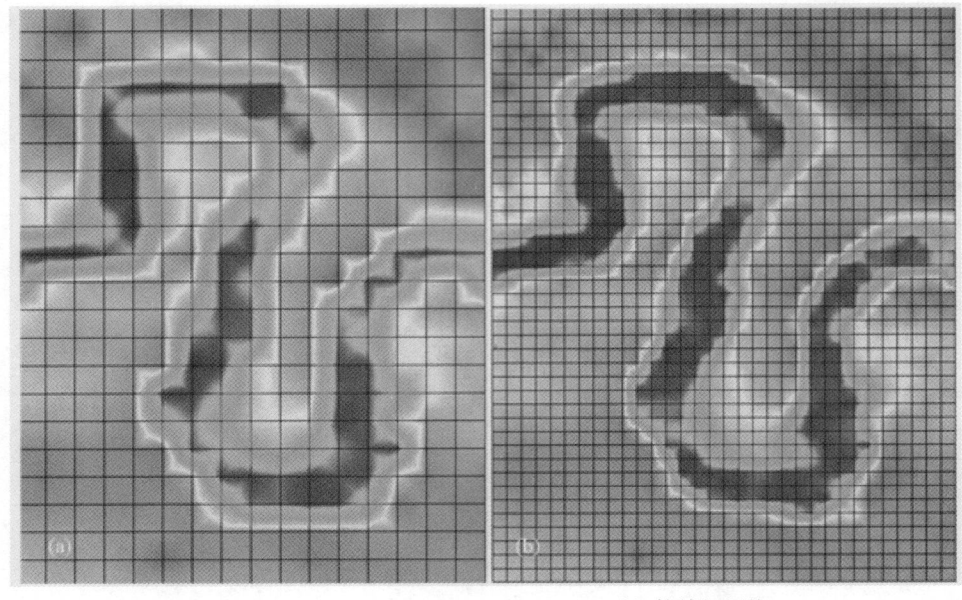

(a) 粗网格　　(b) 较精细网格

图 4.2　不同网格尺度的弯曲河道示意图

混合网格单元，更能适应复杂的地形。与分辨率更高更精细的结构化网格模型相比，非结构网格显然效果更好，如图 4.3 所示。一般地，为了提高计算效率，在普通的远离特定重点区域可以布置较大的网格，而在重点区域布置比较

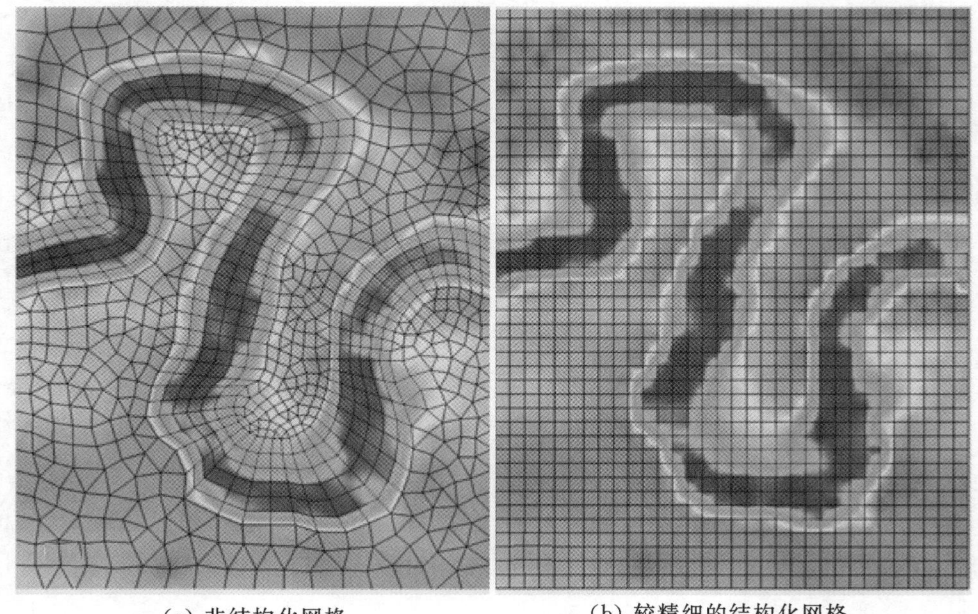
(a) 非结构化网格　　(b) 较精细的结构化网格

图 4.3　不同网格结构的弯曲河道网格示意图

密集的网格。灵活的混合网格模型的主要缺点是需要更多的建模时间和技巧，同时由于其增加的复杂性通常需要更多的计算时间来运行。

大小适当的网格单元选择通常是基于建模工作量及模拟时间与计算精度之间的权衡，模型所需的计算时间与单元网格的大小成正比，即网格越密，计算所消耗的时间越长，但同时为了避免模型发散，必须综合考虑网格的疏密程度与分布。因此，网格的质量将直接影响模型计算的精度和稳定性。

在 MIKE 中，导入事先做好的研究区边界轮廓和地形数据后，即可根据实际情况来确定合理的网格剖分类型和尺度。

综上所述，根据研究区边界与地形特征，采用非结构三角网格进行剖分。计算区域总面积为 8.7km^2，剖分成 33906 个单元及 17256 个节点，最大网格面积为 400m^2，如图 4.4 所示。

3. 糙率分区

由于实测水文资料缺乏，无法率定和验证模型参数，因此，参考前人的试验结果和相关教材文献[77]，在 GIS 中，从 1：10000 地形图中提取出河道、水田、旱地和林地 4 种土地利用分布情况，如图 4.5 所示。

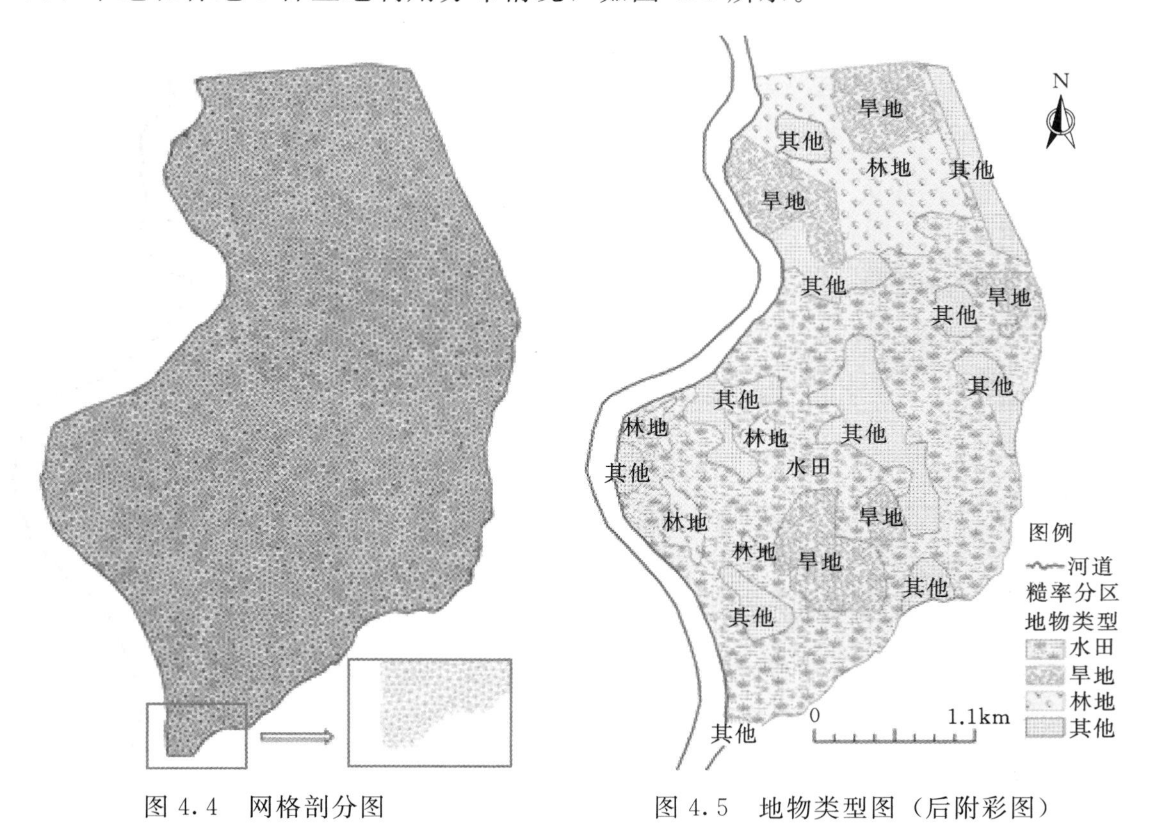

图 4.4　网格剖分图

图 4.5　地物类型图（后附彩图）

模型中网格采用的糙率如下：河道 0.028，水田 0.050，旱地 0.065，林地 0.070。综合实际土地利用情况确定模型糙率，若网格内存在多种地形，则以各种地形糙率的加权平均值作为该网格的糙率值。然后把糙率值转化为曼宁系数的散点文件，并导入到 MIKE 中，通过自然邻点插值法对曼宁系数散点进行插值，最终得到所需的糙率分区文件[78,79]。在 MIKE 中，常用的是糙率值的倒数曼宁系数，如图 4.6 所示。值得注意的是，散点数据插值网格文件需要与地形文件一致，所以，可以在地形插值网格的基础上进行糙率插值，保持网格的一致性。

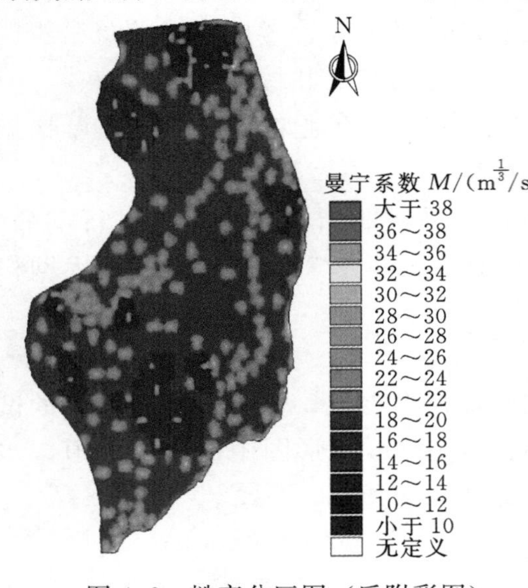

图 4.6 糙率分区图（后附彩图）

4. 边界条件

（1）闭合边界。考虑到溃堤洪水无法超过 40m 等高线，因此在固壁上，利用岸壁法，采用无滑移条件，令法向和切向流速均为 0，即 $V_n|\Gamma=V_l|\Gamma=0$，洪水不会流入或流出计算区域进行水体交换。对于计算区域内部高层低于 40m 的单元界面，采用陆地边界，在固壁上，令法向流速为 0，而切向流速为非 0 值，即 $V_n|\Gamma=0$，$V_l|\Gamma\neq0$。

（2）开边界。一维河道上游开边界为各频率的设计洪水过程线，在本书第 3 章已求解；下游河口开边界为水位-流量关系。根据堤防溃口地形和事先预设的溃口大小和形式对堤防溃口计算断面形态进行概化，以溃堤流量过程作为边界条件。

（3）干湿边界。在 MIKE 软件中，如果模型中存在显著的干湿交替区域，即随着水位的变化，陆地边界位置也不断变化。为了避免模型计算出现发散中断情况，基于赵棣华和 Sleigh 的干湿动边界处理方式[80,81]，启用干湿边界同时设置三个参数：干水深（h_{dry}）、淹没水深（h_{flood}）和湿水深（h_{wet}）。当某一网格单元水深小于湿水深但是处于淹没状态时，则模型中处于该网格的点不计算动量方程，仅计算连续方程[82]。此外，湿水深必须大于干水深及淹没水深，即 $h_{dry}<h_{flod}<h_{wet}$。

4.3.2.2 模型建立

1. MIKE 11 一维模型

MIKE 11 水动力模块对河道一维非恒定流进行模拟，主要输入信息设置如下：

（1）断面数据。根据罗塘河实测河底高程概化河道断面并标记河道断面左右岸和最低点。

（2）河网数据。根据概化的罗塘河河网，生成各节点和河段信息，并添加Dambreak水工结构物，设置溃口类型和形式，即瞬溃，溃口宽度为50m。

（3）边界条件。研究区上边界设置为不同设计频率下（$p=5\%$、$p=10\%$）的流量开边界，下边界设置为罗塘河出口断面的水位-流量关系，见表4.1和图4.7；溃口处设置为Dambreak边界，边界参数与河网中Dambreak的设置一致。

表4.1 罗塘河河口水位-流量关系表

水位/m	24.8	25.3	25.8	26.3	26.8	27.3	27.8	28.3	28.8
流量/(m^3/s)	0	0.33	2.00	9.32	27.64	53.11	83.91	110.63	144.35
水位/m	29.3	29.8	30.3	30.8	31.3	31.8	32.3	32.8	33.3
流量/(m^3/s)	204.52	271.66	328.16	407.32	499.21	597.66	681.62	816.05	960.38

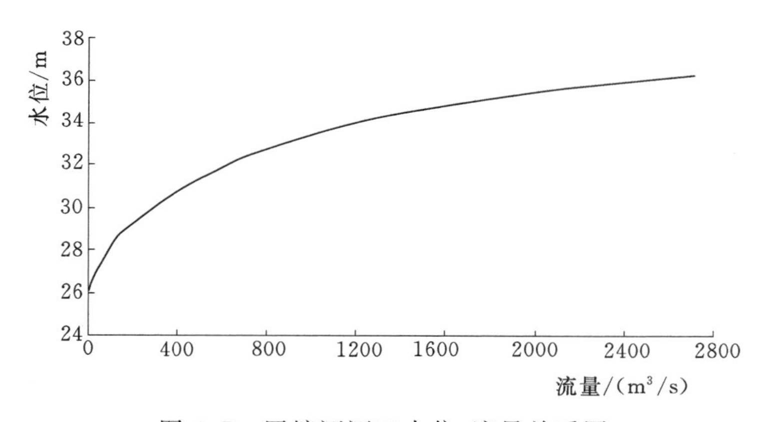

图4.7 罗塘河河口水位-流量关系图

（4）参数设置。根据实际情况将初始水深设为0.1m，将河道曼宁系数分段设置为0.025～0.034，局部河段床面不平整，河底由卵石或块石组成，处于顺直段夹于两弯道之间，且两侧岸壁长有树木杂草，曼宁系数设置为0.040～0.065。

（5）模拟时间。采用与入流条件一样的时间段，步长为10s，步数为52920。

（6）结果输出。设置输出路径并保存为.res11文件。

2. MIKE 21二维模型

MIKE 21模块主要参数信息包括基本参数和水动力学模块物理参数两类。其中，基本参数包括地形数据、模拟时段和模型选择；水动力学模块物理参数包括干湿水深、涡粘系数、糙率以及初始条件等。具体参数设置见表4.2。

表4.2　　罗塘河堤防溃决洪水演进二维模型计算参数设置

参　数	参数含义	参　数　取　值	取　值　依　据
Module Selection	模拟类型	仅水动力模块	只进行水动力模拟
Time	模拟时段	2015-08-01 8：00：00—2015-08-07 11：00：00	与MIKE 11模拟时段一致
Time step	时间步长	10s	与MIKE 11模拟时段一致
No. of time steps	时间步数	52920	与时间步长的乘机等于模拟时段总时长
Domain	网格地形	Mesh文件，17256节点，33906单元	1∶10000地形图插值而成
Flood and Dry	干湿水深	干水深0.005m，淹没水深0.05m，湿水深0.1m	避免模型发散，设置干湿边界
Initial Conditions	初始条件	初始水深0.1m	根据研究区情况设定
Eddy Viscosity	涡粘系数	0.28	采用Smagorinsky公式
Bed Resistance	糙率	河道0.028，水田0.050，旱地0.065，林地0.070	根据实际土地利用分布情况

3. MIKE FLOOD耦合模型

将MIKE 11模拟文件（.sim11）和MIKE 21的模拟文件（.m21fm）分别导入到MIKE FLOOD中采用侧向连接进行耦合，将MIKE 11的各河段分别与MIKE 21中的一系列网格单元连接，连接的结构物类型选择为宽顶堰流公式，如式（4.20）所示，堤岸高度则选择MIKE 11堤岸标记和MIKE 21网格单元中的最大高程[83]。

$$q=\begin{cases}0.35h_1\sqrt{2gh_1} & \dfrac{h_2}{h_1}\leqslant\dfrac{2}{3},\text{自由堰流}\\[2ex] 0.91h_2\sqrt{2g(h_1-h_2)} & \dfrac{2}{3}<\dfrac{h_2}{h_1}\leqslant 1,\text{淹没堰流}\end{cases}\tag{4.20}$$

其中　　$h_1=\max(Z_u,Z_d)-Z_b$，$h_2=\min(Z_u,Z_d)-Z_b$

式中 q——通过溃口的单宽流量，m^2/s；

Z_u、Z_d——溃口处河道河槽内外的水位，m；

Z_b——溃口处的堤岸高度，m。

4.3.3 结果分析

4.3.3.1 合理性分析

为验证模拟结果的合理性，将计算结果与罗塘河河道整治工程设计成果进行对比分析，各断面设计水位值与模拟水位对比结果见表4.3，从表中可以看出，计算值与设计值吻合较好，模拟误差在合理范围内。

表4.3 罗塘河代表断面设计与模拟洪水位成果分析

序号	断面里程/m	设计值/m	模拟值/m	绝对误差/m	相对误差/%
1	0	41.01	41	−0.01	0.02
2	350	40.72	40.71	−0.01	0.02
3	657	40.48	40.52	0.04	0.1
4	1101	40.11	40.12	0.01	0.02
5	1520	39.47	39.4	−0.07	0.18
6	1857	38.93	38.92	−0.01	0.03
7	2347	38.27	38.3	0.03	0.08
8	2674	37.84	37.92	0.08	0.21
9	2974	37.54	37.46	−0.08	0.21
10	3294	37.23	37.17	−0.06	0.16
11	3544	37.02	37	−0.02	0.05
12	3992	36.74	36.77	0.03	0.08
13	4529	36.43	36.44	0.01	0.03
14	4975	36.17	36.13	−0.04	0.11
15	5341	35.96	35.95	−0.01	0.03
16	5616	35.76	35.77	0.01	0.03
17	6156	35.4	35.39	−0.01	0.03
18	6592	35.39	35.37	−0.02	0.06
19	6915	35.35	35.34	−0.01	0.03
20	7391	35.31	35.26	−0.05	0.14
21	7686	35.31	35.24	−0.07	0.2

续表

序号	断面里程/m	设计值/m	模拟值/m	绝对误差/m	相对误差/%
22	8125	35.33	35.26	−0.07	0.2
23	8574	35.27	35.23	−0.04	0.11
24	8802	35.25	35.16	−0.09	0.26
25	9309	35.12	35.14	0.02	0.06
26	9867	34.99	35.06	0.07	0.2
27	10346	34.86	34.93	0.07	0.2
28	10763	34.73	34.81	0.08	0.23
29	11240	34.6	34.54	−0.06	0.17
30	11667	34.48	34.46	−0.02	0.06

4.3.3.2 溃口流量过程

罗塘河堤防溃决溃口流量过程如图 4.8 所示。由图 4.8 可见，堤防在工况 1（$p=5\%$）情况下溃口最大流量达到 99.1m^3/s，随着洪水逐渐消退，在溃决 9h 后，河道内洪水不再流出堤外；堤防在工况 2（$p=10\%$）情况下溃口最大流量达到 57.2m^3/s，随着洪水逐渐消退，在溃决 7.2h 后，河道内洪水不再流出堤外。

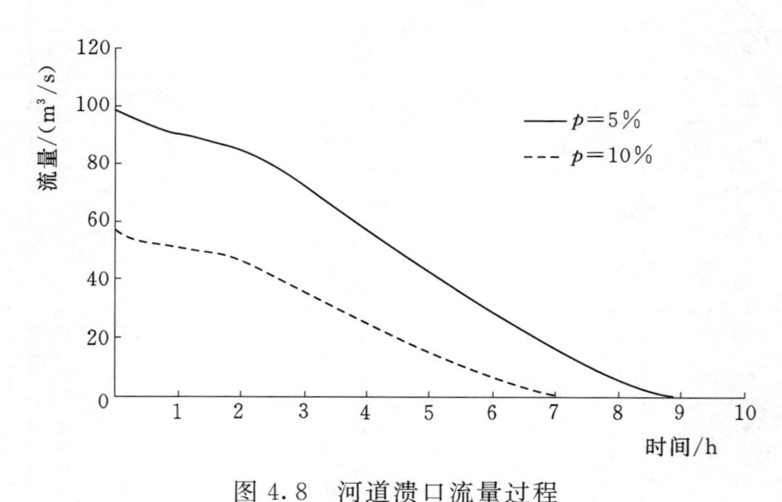

图 4.8 河道溃口流量过程

4.3.3.3 重要区域淹没情况

考虑到最不利的情况，当发生工况 1 时，在罗塘河右岸淹没区选取了 3 个人口密集的村庄作为重要区域进行分析，分别绘制出这 3 个重要区域淹没水深过程线，如图 4.9 所示。

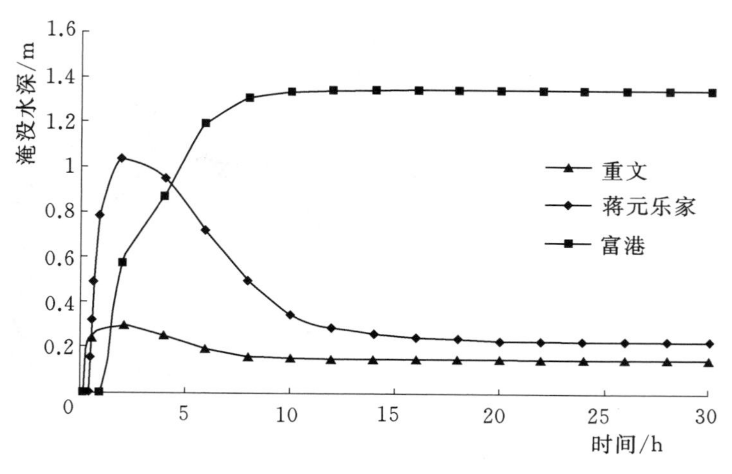

图 4.9 重要区域淹没水深过程线

从图 4.9 中可以看出，重文在溃堤 15min 后开始淹没，在溃堤 1h 15min 后，淹没水深达到最大，为 0.30m，在溃堤 10h 后淹没水深稳定在 0.15m；蒋元乐家在溃堤 30min 后开始淹没，在溃堤 2h 后，淹没水深达到最大，为 1.03m，在溃堤 16h 15min 后淹没水深稳定在 0.24m；富港在溃堤 1h 后开始淹没，在溃堤 11h 后，淹没水深达到最大，为 1.34m，此后维持在这个淹没水位，可以从图 4.1 的地形图看出，富港处在一片地洼易涝区，地势相对较低，只能通过土壤下渗和管网来排水，是避险转移的重点区域。

4.3.3.4 溃堤洪水演进过程

在工况 1 情况下，溃堤 0.25h 后，洪水从溃口演进到重文；溃堤 0.5h 后，演进到蒋元乐家；溃堤 1h 后，洪水开始淹没到富港。最终，雷溪乡重文村和富港村大部分区域、雷溪村小部分被淹没，淹没水深为 0～2.34m。溃堤洪水演进过程如图 4.10（a）所示。

在工况 2 情况下，溃堤 0.4h 后，洪水从溃口演进到重文；溃堤 0.6h 后，演进到蒋元乐家；溃堤 2h 后，洪水开始淹没到富港。最终，雷溪乡重文村和富港村大部分区域、雷溪村小部分被淹没，淹没水深为 0～1.34m。溃堤洪水演进过程如图 4.10（b）所示。

4.3.3.5 溃堤洪水淹没面积分析

罗塘河溃堤洪水淹没面积变化过程如图 4.11 所示。在工况 1 情况下，溃堤后淹没面积随着时间而增大，直到洪水消退后河道内洪水不再流向堤外，在 10h 左右淹没范围最大，淹没面积为 1.94km^2；在工况 2 情况下，在 8h 左右淹没范围最大，淹没面积为 1.44km^2。对溃堤洪水不同淹没水深的面积分布进

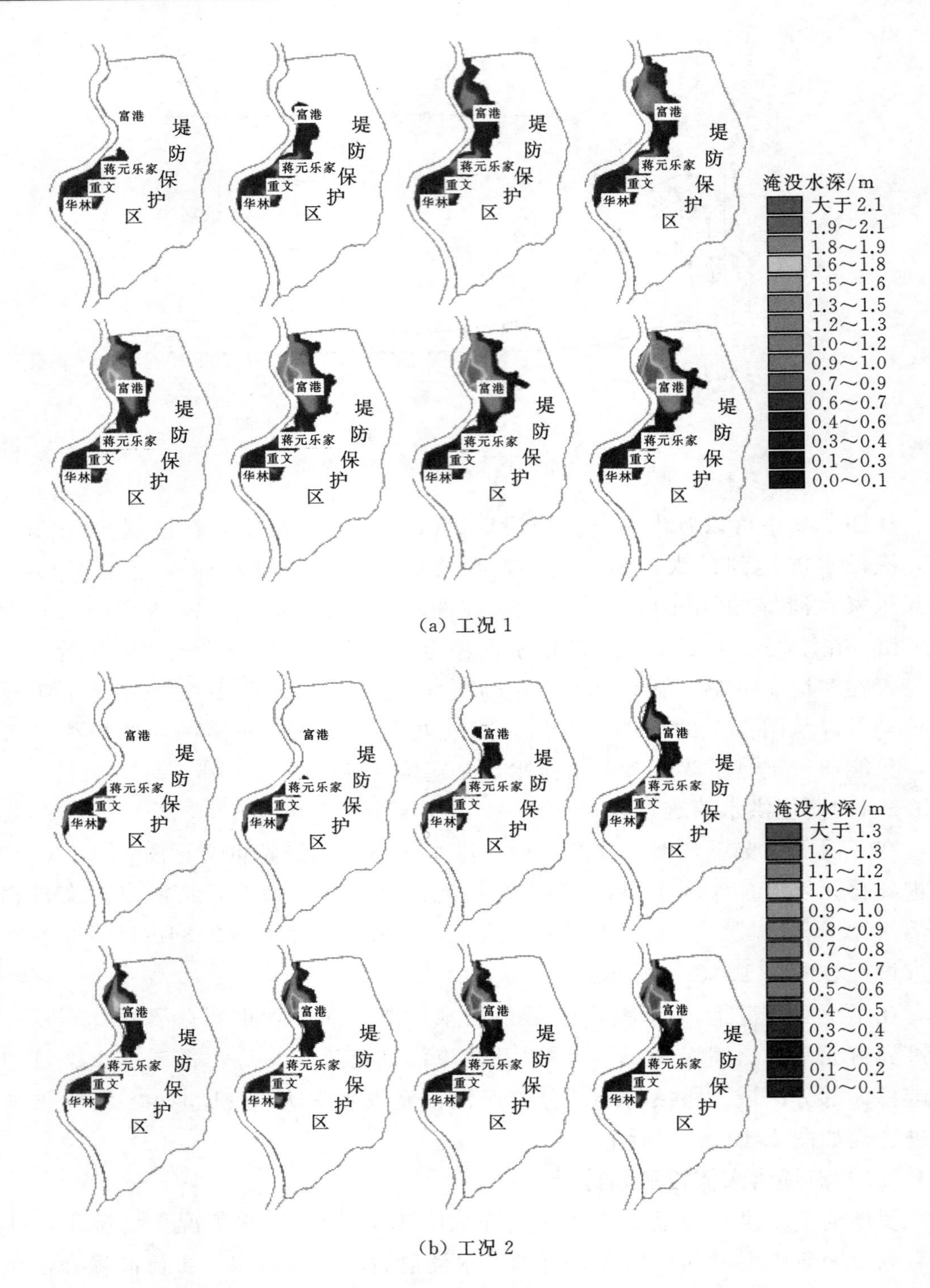

(a) 工况 1

(b) 工况 2

图 4.10 溃堤洪水演进过程示意图（溃堤后 0.5h、1h、2h、3h、4h、5h、6h、最终状态）（后附彩图）

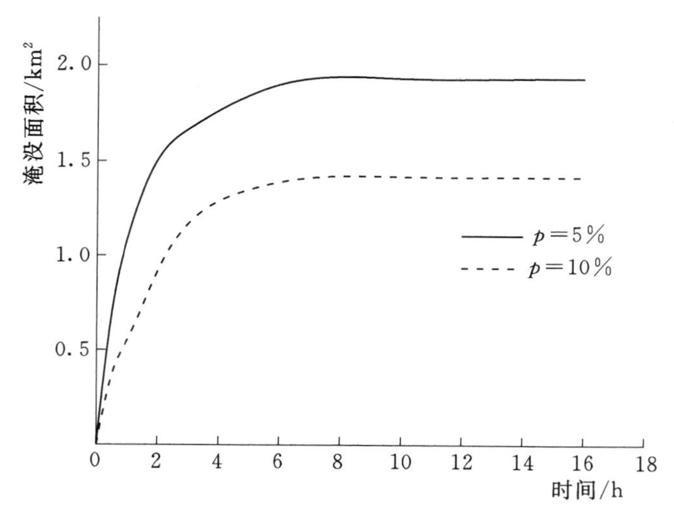

图 4.11 罗塘河溃堤洪水淹没面积随时间的变化过程

行统计分析，见表 4.4。从表 4.4 可以看出，在两种工况情况下极浅区均占 50%以上，受灾程度低但涉及范围广。在工况 1 情况下深水区占 13.5%，极深区占 5.0%，受灾范围相对较小但程度严重。模拟结果可以统计不同淹没程度的面积分布情况，能为罗塘河堤防保护区的洪水风险分析提供较可靠的参考。

表 4.4　罗塘河溃堤洪水影响统计

淹没水深/m	淹没面积/km²	占比/%	淹没面积/km²	占比/%
	工况 1		工况 2	
极浅区（≤0.5）	0.98	50.9	0.84	58.7
浅水区（0.5～1.0）	0.26	13.2	0.5	34.5
中水区（1.0～1.5）	0.34	17.4	0.1	6.8
深水区（1.5～2.0）	0.26	13.5	—	—
极深区（>2.0）	0.1	5	—	—

4.4 小结

中小河流水动力关系复杂，又缺乏实测水文资料，洪水模拟难度较大。本章通过对罗塘河河网断面进行高度精细的概化，利用 MIKE FLOOD 耦合

MIKE 11 和 MIKE 21，建立一维河道水动力学模型和二维溃堤洪水演进模型，并模拟了溃堤洪水演进过程，经分析得出以下结论：

（1）罗塘河上游来水越大，淹没范围和淹没水深越大，两种工况的最大淹没范围分别为 1.94km^2 和 1.44km^2，最大淹没水深分别为 2.34m 和 1.34m。

（2）从溃堤洪水演进过程可以看出，在两种工况下，溃堤洪水从溃口演进到重文、蒋元乐家和富港分别需要 0.25h、0.5h、1h 和 0.4h、0.6h、2h。

（3）从溃堤洪水淹没水深过程可以看出，在两种工况下，由于富港地处低洼地带，溃堤后大部分区域被淹没，淹没水深高达 1.3～2.3m，洪水危险性较大，此区域应是今后罗塘河溃堤防洪避险转移的重点区域。

（4）耦合后的 MIKE FLOOD 可以很好地模拟不同暴雨频率下河道溃堤后的洪水演进过程，溃口流量变化趋势平滑，淹没水深分布也与地形相符，因而模型可用于中小河流洪水数值模拟，并可应用于洪水风险图编制工作中。

由于本书未充分考虑堤防保护区道路和建筑物等的阻水作用，只作了地形插值处理，在今后研究中还需深入地精确细化模型，充分还原溃堤洪水影响。

5 溃堤洪水风险分析

5.1 引言

我国是世界上洪水灾害多发的国家之一。经过60多年的建设，我国大江大河以堤防、防洪控制性枢纽工程等为主的防洪体系框架基本形成，防洪能力有了显著提高[84]。与大江大河的防洪建设相比，中小河流防洪仍然是一个薄弱环节[85,86]。常遇洪水就可能造成较大的洪涝灾害，很多中小河流面临着“大雨大灾、小雨小灾”的局面，中小河流洪涝灾害造成的损失已成为我国洪涝灾害损失的主体[85,87,88]。特别是近年来，随着气候变化影响的加强，局部地区短历时强降水事件频发、中小河流洪水增多、增强，由洪水引起的各种灾害（山洪、渍涝、城市内涝等）呈现出频发和多发的态势[89,90]，强降水诱发的中小河流洪水和山洪地质灾害等风险凸显。加强中小河流的洪水管理，对其进行洪水风险分析，对于科学地制定应对气候变化背景下洪涝灾害的调控策略有十分重要的意义。

洪水风险评估是开展灾前预防、灾后恢复重建、救援物资发放的重要依据。近年来，国内外学者从多个角度对流域和区域洪灾风险区划进行了评价[88,91-94]，如基于历史灾情评价法和基于自然灾害风险评价法等。基于历史灾情评价法是根据历史灾情相关记录信息进行统计分析，从而确定暴雨洪涝灾害风险的方法。然而历史灾情资料的好坏、周期的长短都会直接影响到评估的结果，因此该方法并不能完全准确地反映客观规律。基于自然灾害风险评价法，根据自然灾害风险基本原理，通过深入分析研究区的自然特征、社会经济特征，从中选取最合适的指标，采用各种评价方法对洪涝灾害风险进行综合评价[92,95]。然而由于资料短缺，有些指标因子难以获取。而水文水力学方法可通过对流域产汇流模型进行数学模拟，计算可能的淹没范围、深度、历时等水文要素，从而弥补指标难以获取的不足。因此，本章以罗塘河为例，依据灾害系统理论，从洪水的危险性和易损性两方面构建洪水风险评价指标体系，并基于 MIKE FLOOD 的洪水演进模拟结果，借助 GIS 与层次分析法对罗塘河洪水风险进行评价。

5.2 洪水风险分析理论

洪水风险分析是围绕洪水造成的危害，采用定性与定量相结合的方式，用语言描述和数值形式来表达洪水影响。据此，可以确定洪水风险分析的主要内容包括洪水损失评估和洪水风险评价。

洪灾损失评估是洪水风险分析的内在要求。中小河流洪水损失通常是由于暴雨造成洪水漫顶甚至堤防溃决，导致洪水在堤防保护区肆意泛滥造成的。因此，洪灾损失评估计算不仅需要对漫顶或溃堤的水位、流量、过程以及洪水淹没范围、最大淹没流速和淹没历时等自然属性进行分析评价，还需要对洪水淹没区的区域经济分布和人口分布等社会经济属性损失进行评估。

洪水风险评价是洪水风险分析的客观表达。为了更直观地表达洪水风险的空间格局与内在规律，可以在洪水风险评价基础上进行宏观分区，也就是说，可以根据洪水对淹没区人口、社会经济和生态环境等的危害程度，在图上对洪水后果或潜在的威胁程度进行等级区划。因此，综合洪灾的本质特征，本章针对洪水本身危险性和淹没区承灾体的易损性进行分析评价。

5.3 洪灾损失评估

5.3.1 洪灾损失分类

洪灾损失是承灾体的损失，洪灾的承灾体主要是人类社会以及与其关系密切的生态系统，主要包括人口和农作物，其受洪灾的影响最大；此外，工商企业、建筑物、基础设施等也是承灾体的重要内容[96,97]。

作为承灾体中最核心的部分，人口受洪灾的影响不仅表现为生命安全受到威胁的无形损失，还有财产和生产等受到影响的有形损失。

作为核心的人口指标，与房屋、财产、耕地等其他指标存在多样化的联系方式。农作物作为最容易受洪灾影响的承灾体，其受洪灾影响的程度随受淹没的深度及受淹没的历时的增加而加剧，直至完全遭受破坏，即达到最大损失。

建筑物中最易受洪灾影响的部分是居民住宅，其次是商用建筑物。其受影响的程度主要表现为建筑物受淹、受损甚至房屋倒塌导致的直接损失大小以及其内部物资受影响的大小。农村的建筑物以居民住宅为主，其防洪能力相对较弱，而包括商用建筑物在内的城市建筑物的防洪能力则相对较强。

基础设施包括保障人类生产、生活的供水、供暖、供电、燃气、市政工程、车站、港口码头、交通道路、通信设施等。其受洪灾的影响主要表现为这些设施受损后对人类的生产、生活造成的影响以及重修设施所花费的直接和间接费用。

企事业单位主要包括企业单位和事业单位，其受洪灾的影响程度一方面表现为企业的建筑、设施等受到的直接损害大小，另一方面表现为企业因陷于停产、半停产状态而造成的间接经济损失的多少。

因此，洪灾损失包括有形损失（可以用货币等价衡量）和无形损失（难以用货币衡量），而有形损失可以进一步分为直接损失和间接损失，如图 5.1 所示。本书研究的中小河流洪灾损失分析主要是指经济损失和生命损失计算。

5.3.2 洪灾经济损失评价

5.3.2.1 洪灾经济损失评估方法

将承灾体按部门分门别类进行分类洪灾损失计算。首先确定研究区各类承灾体灾前市场价值，同时对历史典型洪灾损失进行调查，计算求得各类财产的灾后损失，然后经过统计分析并建立与洪水淹没特征相关关系以此确定特定区域的洪灾损失率，再进行分类汇总即可计算求得淹没区的总经济损失。分类洪灾经济损失估算方法由于其系统性和便捷性，应用比较普遍，具体方法步骤如下：

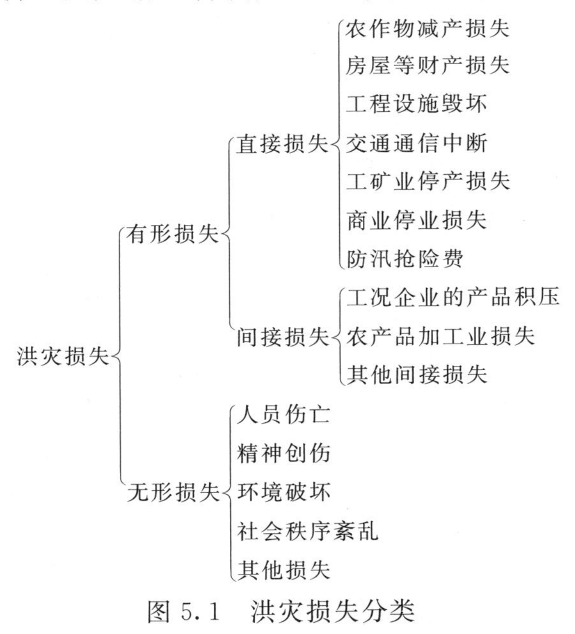

图 5.1 洪灾损失分类

(1) 根据研究区的地物类型，以及溃堤洪水数值模拟结果，计算每个网格单元的洪水特征值和相应的分类承灾体价值。

(2) 根据分类财产价值损失率与洪水淹没特征的关系，计算每个网格单元的各类财产损失值。

(3) 将网格单元内各类财产损失值进行统计，求得每个网格单元内的财产总值。

（4）最后累加（3）中的计算值，即可求出整个研究区的洪灾经济总损失值，计算公式为[98]

$$S=(1+R)\sum_{j=1}^{m}\sum_{i=0}^{n}W_{ij}L_{ij} \tag{5.1}$$

式中 S——研究区洪灾经济总损失值；

R——间接损失经验系数；

n——研究区内的计算网格单元数；

m——财产类型数；

W_{ij}——第 i 个单元内、第 j 类财产的灾前价值；

L_{ij}——为第 i 个单元内、第 j 类财产的损失率。

式（5.1）也表明，洪灾经济总损失计算的准确性主要取决于：洪水要素特征值的准确性；淹没区资产调查资料的完整性和准确性；基本数据分类的合理化，即网格化；分类财产损失率的适宜性和准确性[98]。

5.3.2.2 洪灾损失率

洪灾损失率是洪灾经济损失评估的重要指标，一般指淹没区各类承灾体遭受洪水灾害后损失的价值量与灾前或正常年份各类承灾体原有价值量之比，是形容洪灾直接经济损失的一个相对指标[33]。

影响洪灾损失率的因素很多，如洪水淹没程度（主要是淹没水深、淹没历时和淹没流速），地区社会经济类型，地形地貌、防洪工程和非工程措施等。同时，它也是一个难以获得的参数，由于洪灾损失率都是在历史洪水条件下形成的，无法做相关实验来获取和验证，因此洪灾损失率只能通过选取当地洪灾区或者相似地区一定数量和范围的典型单元（区域）的历史洪灾调查获得相关数据资料后，进而运用数学模型做相关性分析，建立洪灾损失率与淹没程度的关系曲线获得。

5.3.3 洪灾生命损失评价

随着社会经济的不断发展，越来越注重以人为本的理念，在防灾减灾过程中，也依然是更注重人的生命安全，因此，在洪水灾害风险管理中，生命损失是最难以接受的，所以也不仅仅要衡量经济损失，更加要设法减少洪水对公众的生命威胁。在过去，我国对洪灾经济损失的评估方法研究较多，而对洪灾造成生命损失研究很少；但国外关于生命损失研究取得了不少成果，下面介绍生命损失的影响因素及一种直观常用的计算方法。

5.3.3.1 生命损失的影响因素

在洪水风险评价中，影响生命损失的因素很多，主要有如下几个。

(1) 风险人口及其分布。风险人口（population at risk，PAR）是指堤防工程失事后处于某一洪水淹没深度以上影响区域内的人员总数，是计算生命损失极其重要的参数。同时人口分布特征也会起很大的作用，比如离溃口越近或者人口密度越密集生命损失风险越大。

(2) 发生时间与警报时间。堤防失事发生时间和警报时间将直接影响风险区人口数，比如夜间发生溃堤事件，大多数人处于睡眠状态难以察觉，增加了生命损失风险；另一方面，警报时间将影响处于风险区人员的避险转移逃脱的成功率，警报时间越提前越安全。

(3) 淹没水深和流速。淹没水深和流速共同作用下的冲击力与悬浮力会直接影响人的行动力，同时还会对建筑物等造成破坏。导致房屋倒塌从而间接影响人员生命损失，也是洪水危险性评价中的重要指标。

(4) 洪水上涨速率和撤离条件。洪水上涨速率和撤离条件的影响主要体现在避险转移时风险人口的撤离，能否撤离风险区，离不开交通工具和可撤离路线等，同时洪水上涨得越快，生命损失风险越大。

5.3.3.2 计算方法

Dekay & McClelland[99]在调查统计大量的历史洪水灾害数据后，运用数学模型建立了如下公式来计算潜在生命损失：

$$LOL=\frac{PAR}{1+13.277PAR^{0.44}\cdot e^{(0.759WT-3.790FC+2.223WT\cdot FC)}} \tag{5.2}$$

其简化式为

$$LOL=0.075PAR^{0.56}\cdot e^{[-0.759WT+(3.790-2.223WT)FC]} \tag{5.3}$$

式中 LOL——潜在生命损失；

PAR——风险人口；

WT——警报时间；

FC——洪水强度（LF—低水力风险的平原，水流缓慢，则 $FC=0$；HF 高水力风险的山区，水流湍急，则 $FC=1$）。

5.3.4 溃堤洪灾损失分析

罗塘河研究区内现有 6 个行政村 14 个村庄，面积为 8.71km²，居住人口为 6278 人，房屋为 1609 间，耕地为 9357 亩，高程大致为 32.5m～40m，见表 5.1。

表 5.1　　罗塘河研究区人口、经济概况

序号	行政村	自然村	面积/km^2	人口/人	耕地/亩	房屋/间	道路/km
1	重文村	重文	0.45	444	437	140	2.55
2	重文村	蒋元乐家	0.66	577	760	105	1.33
3	雷溪村	下胡	0.26	143	260	38	0.80
4	雷溪村	上胡	0.37	270	340	72	0.71
5	雷溪村	雷溪	1.63	1048	1800	283	2.83
6	雷溪村	华林	0.24	132	280	40	1.87
7	雷溪村	大塘杨家	0.65	374	740	101	1.20
8	张桥村	马山	0.39	209	500	56	1.05
9	张桥村	汪家庄	0.37	239	380	64	1.43
10	张桥村	宋家	0.26	194	380	52	1.48
11	张桥村	张家桥	0.80	358	400	96	0.17
12	富港村	富港	1.63	1833	2000	440	3.19
13	罗塘村	游家店	0.34	181	280	48	0.77
14	南山村	下四杨	0.66	276	800	74	1.53
合计			8.71	6278	9357	1609	20.91

注　数据来源：江西省2010年人口普查资料和鹰潭市2015年统计年鉴以及走访调查与测量数据。

5.3.4.1　溃堤生命损失

根据研究区的洪水特征、风险人口分布、避险转移道路交通情况及预警措施等情况，采用经验公式（5.3）预测罗塘河淹没区决堤淹没造成的人员伤亡数。计算时考虑罗塘河淹没区地势较为平坦，水流缓浅，属低水力风险区，水力参数取 $FC=0$，计算结果见表5.2。

表 5.2　　罗塘河淹没区人员伤亡计算结果

工况	风险区人口/人	人员伤亡数/人					
		$WT=0$	$WT=1h$	$WT=2h$	$WT=4h$	$WT=6h$	$WT=8h$
工况1	1992	5	2	1	0	0	0
工况2	1465	4	2	1	0	0	0

注　WT 为预警时间，单位为小时。

因为罗塘河溃堤的原因一般是超标准洪水，气象部门会提前预报暴雨灾害天气，能够提前预警预报，所以溃堤造成生命损失的可能性很小。但在溃口附近即华林及周边的居民也面临一定的威胁；另外，撤离路程较远的居民也存在一定危险。

5.3.4.2 溃堤经济损失

根据研究区罗塘河右岸雷溪乡境内社会经济结构与分布情况来看，遭受洪水灾害的主要有农业、居民家庭财产、道路交通以及房屋损失，因此，需要对这几方面的社会经济情况进行调查。而研究区主要以农田为主，所以农业损失数据主要包括农业生产及种植结构、家庭收入等情况，居民家庭财产损失主要调查房屋、家具、家电、粮食等财产情况，以及研究区的道路交通分布情况，从而计算受灾地区户均财产值，以此确定研究区的资产价值。再根据文献资料[96,97]，可采用历史经验数据确定不同类别的洪灾损失率，见表 5.3～表 5.5。

表 5.3　农业损失率与淹没等级的关系

水深等级/m	<0.5				0.5～1.0				>1.0			
淹没时间/d	1～2	3～4	5～6	>7	1～2	3～4	5～6	>7	1～2	3～4	5～6	>7
损失率	0.50	0.65	0.80	0.90	0.65	0.8	0.95	1	0.85	0.95	1	1

表 5.4　家庭财产损失率与水深的等级关系

水深等级/m	0～0.5	0.5～1.0	1.0～1.5	1.5～2.0	>2.0	>2.5
家庭财产损失率	27	38	50	62	73	80

表 5.5　道路交通平均损失率与水深等级的关系

水深等级/m	0～1.0	1.0～2.0	>2.0
损失率/%	20	30	40

此外，关于居民房屋财产损失率的确定，不同类型的房屋由于房屋结构和建筑材料不同，对洪水的耐淹能力也有所差异。通常来说，土坯房比砖房和混凝土房屋的耐淹能力差，而对于不同淹没深度房屋的耐淹能力也不同。在调查分析了我国历史洪灾资料后，统计发现当淹没水深在 0.2m 以下时，房屋基本上不受影响；当淹没水深为 0.2～1.0m 时，房屋的损失程度会随淹没水深呈线性增加；而当淹没水深达到一定深度后，房屋遭受破坏，房屋的残余价值又与淹没水深无关了[31]。因此，可以使用分段函数构建房屋洪灾损失率与淹没程度的关系式

$$\beta(h)=\begin{cases}0, & h\in[0,0.2) \\ ah+b, & h\in[0.2,1.0) \\ (a+b)\left[\ln\dfrac{h+c}{10a}+0.9\right], & h\in[1.0,4.0) \\ (a+b)\left[\ln\dfrac{4+c}{10a}+0.9\right], & h\in[4.0,\infty)\end{cases} \tag{5.4}$$

式中 h——淹没水深，m；

$\beta(h)$——不同水深 h 下的房屋洪灾损失率；

a、b、c——经验参数，取值范围见表 5.6。

表 5.6　不同类型房屋的经验参数取值

房屋类型	a 值	b 值	c 值
平房	0.5	−0.10	5.0
楼房	0.2	−0.04	1.2
草房	1.0	−0.20	10.0

通过第 4 章的洪水演进数值模拟，获得研究区的洪水淹没特征，运用 ArcGIS 软件的空间分析与统计功能，可以分别计算出淹没区内处于不同淹没特征的各类财产量，再应用洪灾损失评估方法，则可以计算出洪灾总直接经济损失。本章所假定的堤防溃决造成罗塘河淹没的经济损失按 2015 年价格计算，两种工况下造成的直接经济损失见表 5.7。

表 5.7　溃堤造成的直接经济损失

类　别	损失/万元	
	工况 1（$p=5\%$）	工况 2（$p=10\%$）
农业损失	206.30	141.16
居民家庭财产损失	400.53	161.91
房屋损失	1516.59	690.75
交通线损失	14.52	10.44
水利设施损失	24.00	24.00
总直接经济损失	2161.95	1028.26

5.4　洪水风险评价

洪水风险评价是以自然地理特征、社会经济结构和分布情况为研究对象，对研究区遭遇不同强度洪水事件可能带来的人口伤亡、经济损失和环境破坏等不利影响进行定性定量的综合分析和评价。根据本书研究目标，洪水风险评价主要针对洪水危险性和承灾体易损性这两方面进行探讨。前者主要反映了洪水灾害的自然属性，一般通过对洪水本身存在的危险性因素进行分析研究，主要包括洪水淹没范围及水深、淹没流速和淹没历时等因子；后者主要反映了洪水灾害的社会属性，通过对研究区的社会经济结构和分布统计调查，估计当遭遇不同强度洪水侵袭时的洪灾损失程度和分布情况。因此，通过对洪水危险性评价和承灾体易损性评价，可以为流域和区域的防洪规划、防灾减灾、洪水风险管理和土地利用规划等多方面提供坚实的依据[68]。

洪水风险区划是为了更直观地表达洪水风险的空间格局与内在规律，在洪水风险评价基础上进行的宏观分区，同时也是洪水风险管理的前提和依据。近年来，国内外对流域和区域洪水风险区划的研究方法很多，主要包括以洪水风险系统理论为依据的指标体系法、通过利用遥感和地理信息系统的地貌学和地质学方法等途径获取历史洪水淹没及洪水损失的历史实际水灾法、基于水文水动力学模型（水面曲线法、马斯京根法、调蓄演算法、非恒定流法、流域数学模型等）的洪水演进系统仿真模拟的模型模拟法等[37]。本书根据研究区流域水文地理特征、工程资料以及计算精度条件，采用建立在数值模拟基础上的指标体系法实现对研究区域的洪水风险区划。

5.4.1 洪水风险评价方法

洪水风险评价是一个由于洪水导致损失的包含自然地理特征和社会经济属性的评价问题，通常用层次分析法以及基于 GIS 的空间分析法对洪水风险进行综合评价。

5.4.1.1 层次分析法

层次分析法（analytic hierarchy process，AHP）是美国运筹学家 T. L. Saaty 等在 20 世纪 70 年代提出的一种解决多目标复杂问题的定性与定量结合的决策分析方法[100,101]。其基本思路是决策者经过分析系统中的元素关系建立一个有序层次结构，然后运用经验对每个层次对于上一层次的重要性进行两两比较，并确定其相应权重，最后计算各层元素对于系统目标的合成权重，并进行优劣排序。由于层次分析法作为决策工具有着适用性、简洁性、实用性和系统性等明显的优点，对洪水风险评价来说，可以应用层次分析法科学合理地计算各个指标的权重。

5.4.1.2 基于 GIS 的空间分析法

空间分析是指依赖研究对象空间位置属性数据进行的逻辑运算、代数运算和数理统计分析等技术，而 GIS 正是一种利用计算机的高效处理和分析空间数据的工具，在洪水风险管理中，经常会利用它来进行数据处理、空间分析和空间表达等，对于洪水风险评价而言，也是一种重要的工具和技术手段[24,33]。

5.4.2 洪水风险评价模型

联合国人道主义事务部对风险的定义为：在一定区域和给定时段内，由于特定的自然灾害而引起的人民生命、财产和经济活动的期望损失值，且其表达式为“风险（R）＝危险度（H）×易损度（V）”[102]。本书主要从这两个方面对洪水风险进行评估，具体分析见 5.4.3 部分。

洪水风险是洪水危险性和承灾体易损性的综合作用的结果，据此构建洪水风险评估模型为

$$R = w_h \cdot H + w_v \cdot V \tag{5.5}$$

式中 R——洪水风险指数；

H，V——洪水危险性和易损性指数；

w_h，w_v——H、V 对应的权重。

因此，根据洪水风险本质特征，考虑到数据可获取性与技术可操作性，运用层次分析法建立洪水评价指标体系并确定每个指标的权重，基于 GIS 的空间分析功能，对各个指标进行处理，从而定性与定量分析洪水风险，同时予以空间表达将风险分布直观地展示出来，具体流程如图 5.2 所示。

5.4.3 洪水风险评价指标体系

建立洪水综合评价指标体系的目的是：高度概括和表达洪水灾害的本质特征；模拟和预测洪水的强度、频度、限度和危害程度；统一比较不同时空、不同尺度规模的洪水事件，确定洪水灾害的分级标准；建立洪水灾害评价与管理的信息系统。

5.4.3.1 指标选取的原则

影响洪水风险的因素很多，使得它具有复杂性和不确定性，因此，构建洪水风险评价指标体系就是为了将复杂的问题解析成层次结构明确而简单的问题，也是一项复杂的课题[37]。为了体现洪水风险的内涵，在评价指标选取时，需要遵循以下几个原则[39]：

（1）系统性原则。洪水本身是一种自然现象，只有当它威胁到人类及其环

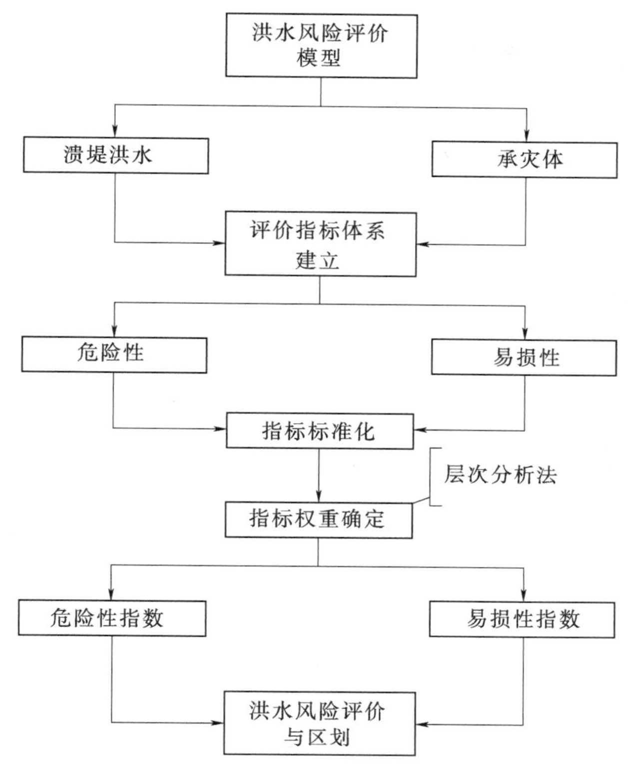

图 5.2 洪水风险评价技术流程

境时，才产生灾害。洪水是造成灾害的外因（洪水危险性），内因则是洪水作用的对象（人口和社会经济系统等承灾体易损性）及其特征，并且它们相互影响，从而构成一个有机整体。洪水评价指标体系应全面、完整地描述这种内外因相互作用的可量度参数。

(2) 代表性原则。考虑到反映洪水影响的指标可以很多，为了避免指标间的信息互相重叠，在保持全面、完整地反映洪水影响的基础上，应主要选择那些简单明了的、具有一定范围代表性的指标组成一个体系。

(3) 科学性与定量化原则。一方面科学性要求指标的选择必须围绕洪水的本质特征；另一方面指标必须可以通过资料收集从而进行量化。

(4) 结构层次原则。为了突出评价指标间严谨的层次逻辑关系，需要对指标适当筛选，避免指标间存在重叠而影响评价的科学合理性。

(5) 空间化原则。为了直观地展示洪水风险在地理位置上的空间分布特征以及易于理解和实际工作中应用，需要选择便于空间表达的指标。

5.4.3.2 指标体系的建立

洪水风险是洪水危险性和承灾体易损性的综合反映，因此，构建洪水风险评价指标体系应该围绕洪水风险的本质特征，遵循评价指标选取原则，以危险性及易损性为基础展开。

1. 危险性指标分析

大多数洪水风险评价都是从洪水形成机理角度来评价洪水危险性，即选取致灾因子和孕灾环境中的某些可以量化的指标，而联系本书研究实际情况，致灾因子即为溃堤，从而针对堤防保护区遭遇溃堤洪水后进行洪水风险评价。因此，选取洪水强度指标来描述洪水危险性。洪水强度表示洪水级别的高低，一般由不同频率暴雨引发洪水可能导致的洪水淹没水深、淹没流速和淹没历时等指标来表示，强度越大，说明洪水的级别越高，造成的损失也越大。

淹没水深是指某一地点在洪水发生时的积水深度，也就是水面到陆地表面的高度，淹没水深一般随洪水水位的上涨而增加，淹没水深越大，洪水损失也越大。

淹没流速是指洪水的流动速率。流速越大，其冲击力越大，洪水对承灾体所造成的损失也越大。

淹没历时是指受淹区从洪水发生至结束所历经的积水时间，一般以超过临界水深的时间作为淹没历时。淹没历时越长，受淹区的农作物越容易减产，建筑设施越容易受到破坏，造成的损失越大。

综上所述，洪水风险评价危险性指标见表5.8。

表5.8　　洪水风险评价危险性指标

指标层1	指标层2	指标层3	数据获取方式
危险性	强度	最大淹没水深、最大淹没流速、淹没历时	溃堤洪水淹没模拟结果

对于中小河流洪水风险区划，本节选取工况1为例进行论述。在第4章中通过水动力学模型模拟得到不同频率的溃堤洪水淹没过程，其中包括最大淹没水深、最大淹没流速和淹没历时分布等危险性指标，在GIS平台中经过后期处理后得到如图5.3所示的危险性指标示意图。

2. 易损性指标分析

评价承灾体易损性是通过对社会经济情况的分析来衡量洪水灾害给研究区带来的经济损失。根据实际情况，考虑到罗塘河研究区自然地理特征和社会经济统计资料，本节主要从人口、固定基础财产、基础设施三个方面来反映承灾体易损性。描述人口易损性时选择人口密度指标，即单位面积上的年末总人口数；固定基础财产可以通过常住居民的居住状况和农业密集程度来表示，分别

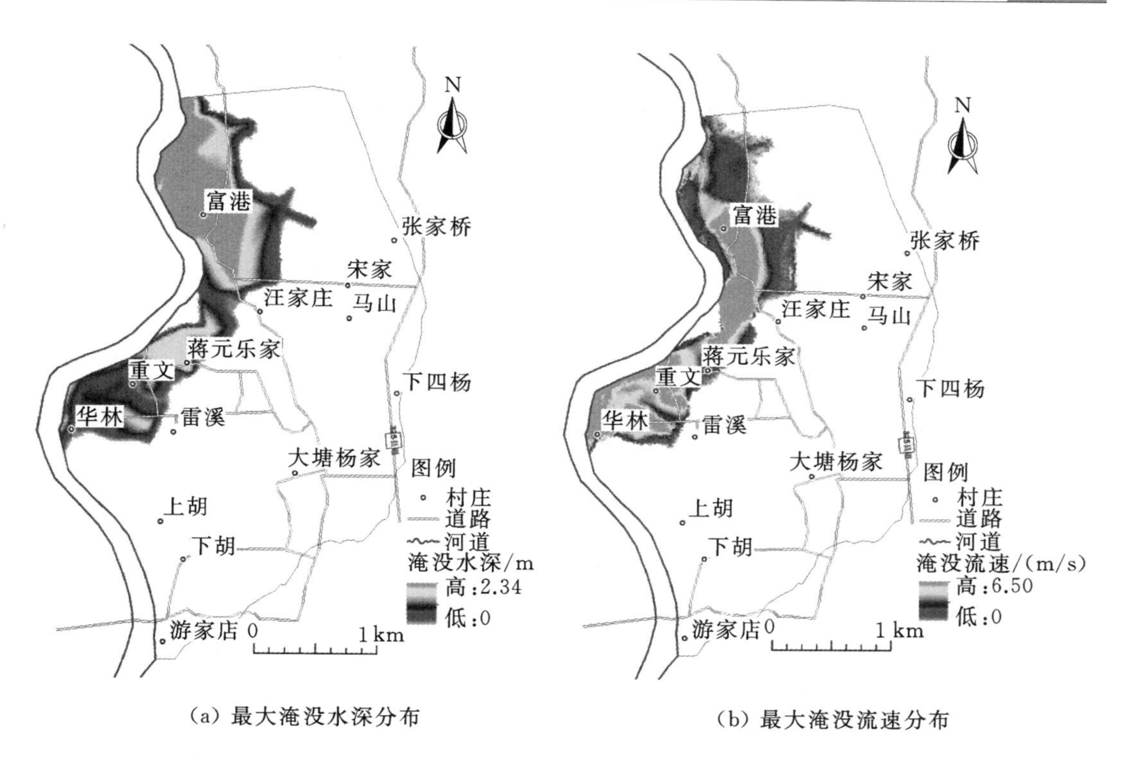

(a) 最大淹没水深分布

(b) 最大淹没流速分布

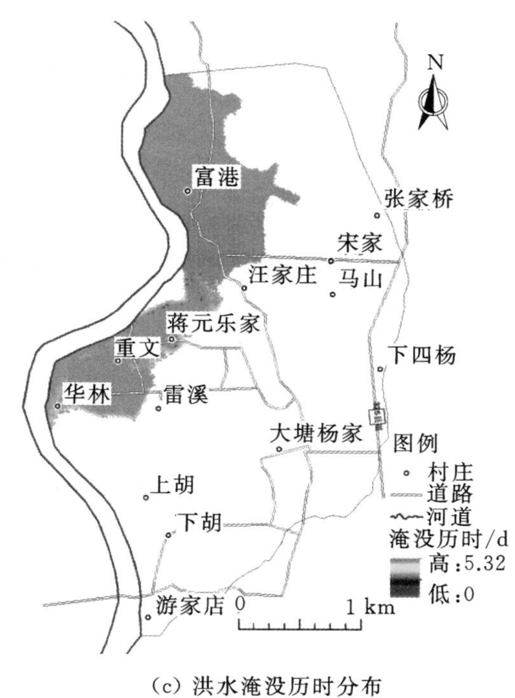

(c) 洪水淹没历时分布

图 5.3 洪水风险评价危险性指标示意图

选用的是单位面积年末居住总户数和耕地面积密度两个指标；基础设施则选取道路交通密度指标。当遭遇相同量级的洪水时，人口密度、耕地面积密度、道路交通密度越高，单位面积居住户数越多，造成的损失越大，洪水风险也越大。洪水风险评价易损性指标见表5.9。

表5.9 洪水风险评价易损性指标

指标层1	指标层2	指标层3	数据获取方式
易损性	人口	人口密度	经济统计年鉴与走访调查
	固定基础财产	居住户数密度、耕地面积密度	
	基础设施	交通线密度	基础地形数据

根据表5.1中洪水风险评价易损性指标数据，通过ArcGIS软件空间分析，得到各易损性指标的空间分布，如图5.4所示。人口密度即单位面积上总人口数。人口密度越大的区域，洪水灾害的易损性就越高。由图5.4（a）可知，富港、重文的人口密集程度最大，蒋元乐家次之，研究区其他区域的人口密集程度则较小；耕地密度和居住户数密度在一定程度上可反映区域的社会经济发展程度。一般来说，在遭受同等量级的洪水时，耕地密度和居住户数密度越大的地方遭受洪水灾害损失就越严重。综合图5.4（b）及图5.4（c）来看，富港地区社会经济最为发达，重文、华林、宋家等区域社会经济较为发达，其他区域如游家店则相对不发达。因此，富港、重文、华林和宋家等地在洪水灾害发生时遭受损失程度比其他区域的大；交通密度可体现洪水发生时基础设施的受损程度。交通密度越大，其遭受洪水冲毁破坏的可能性就越大，损失率也就越高。由图5.4（d）可知，重文、华林和宋家等区域的交通密集最大，汪家庄和下胡次之，其他区域的交通密集程度则相对较小。

综上所述，可通过图5.5所示的层次结构描述。从左至右，第一层为总目标层，反映洪水的总体特征，可用一个综合指数来表示；第二层为子系统层，分别反映各子系统的特征与受洪水影响程度；第三层为组分层。评估时应以分析研究洪水引起组分的变化情况为基础，对子系统进行评估，最后形成洪水评估总目标层。

5.4.3.3 评价指标的标准化

在确定洪水风险评价指标后，由于涉及的指标类型多样，且其单位和级别都存在很大差异，例如淹没水深的单位是m，洪水淹没流速的单位是m/s，人口密度的单位是人/km^2，耕地密度的单位是亩/km^2等。由于洪水风险的各指标对洪水风险的影响程度并不一定是随着指标数据的增减呈直线变化的，有时

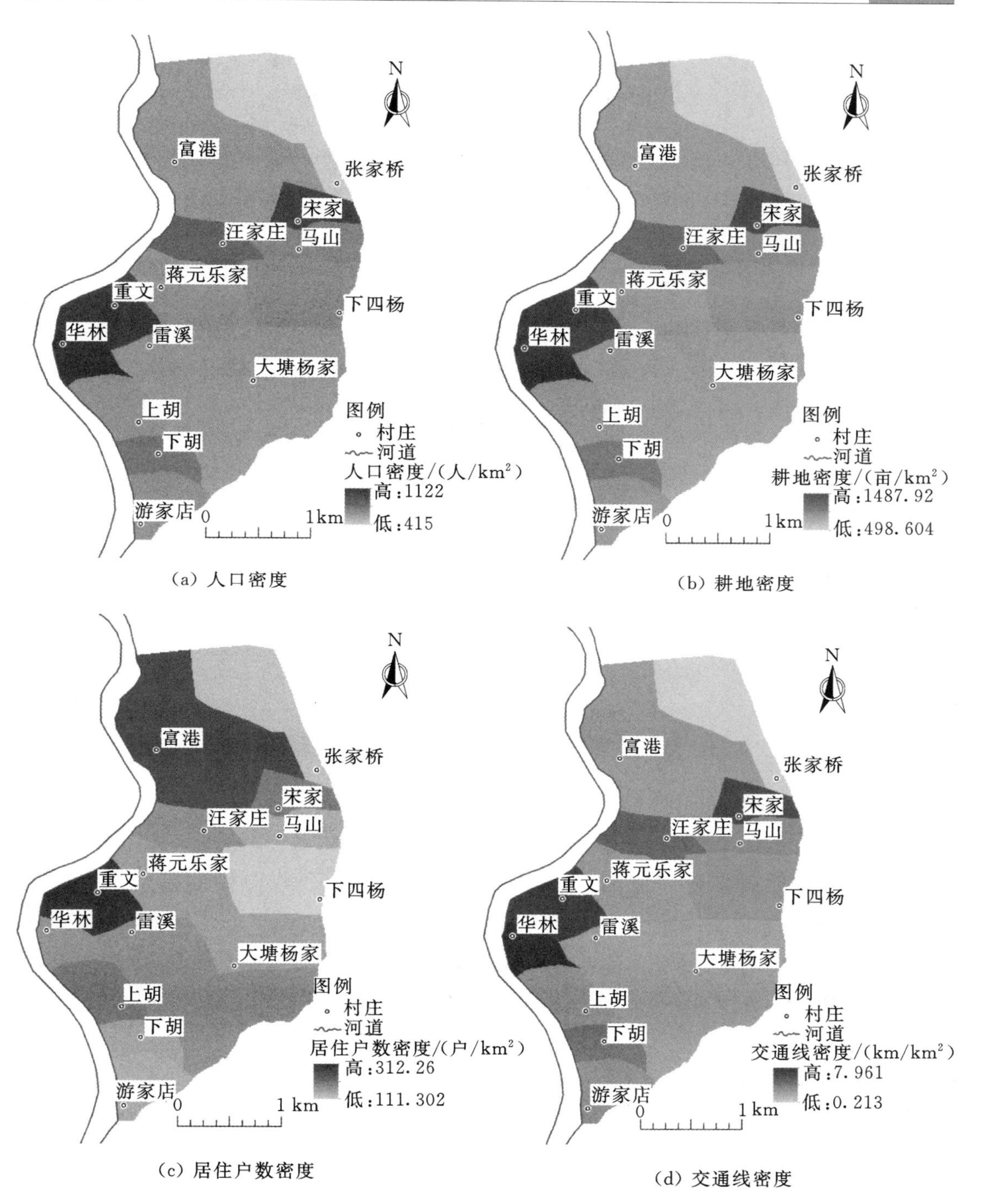

(a) 人口密度

(b) 耕地密度

(c) 居住户数密度

(d) 交通线密度

图 5.4　洪水风险评价易损性指标图

是非线性的：即当它在一定范围内变化时，受其影响，洪水风险级别变化不大或不发生变化；而当它在另一范围内变化时，较小的变动就会引起洪水风险级

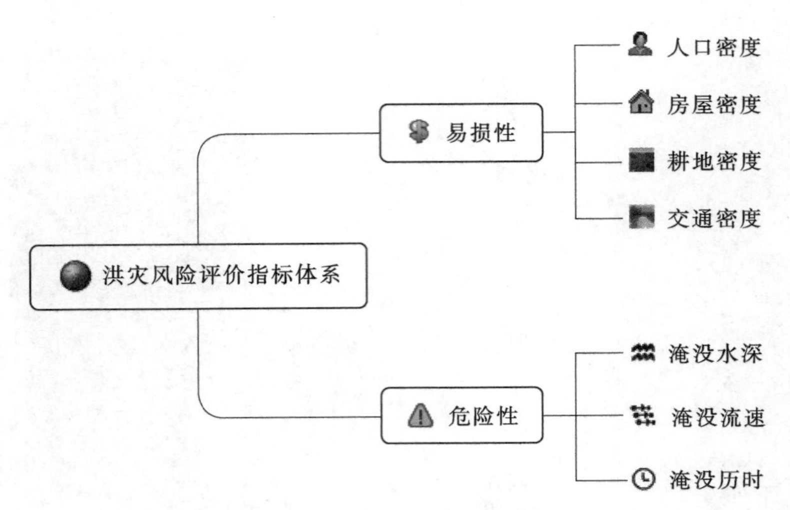

图 5.5 洪水评估指标体系层次结构

别较大的变化。所以在利用这些指标数据进行洪水风险计算之前，需要进行指标数据转换处理。如此用各指标标准化的结果表征各指标数据与洪水风险级别之间的关系，其实质是评价指标值的无量纲处理。若不对各类评价指标进行数据预处理，它们之间是没有可比性可言的。通常利用以下标准化方式：

$$x_{is}=\frac{x_i-x_{i\min}}{x_{i\max}-x_{i\min}} \tag{5.6}$$

式中 x_i——各个指标的一个原始数据；

$x_{i\min}$、$x_{i\max}$——指标初值系列中的最小、最大值；

x_{is}——x_i 通过标准化后的数值，取值范围为 0～1。

由于评价指标间存在数量级的差异，利用标准化公式对指标原始系列数据进行无量纲处理后会出现分布不均匀的情况，为了避免这种现象可以从数据的统计特性出发，计算评价指标原始数据的均值和标准差作为划分依据，将数据分成 n 个等级，并赋予每个等级相应的影响数值，使处理后的数据呈现正态分布，称为分级赋值法。

在本书中，评价指标体系中的 7 个指标都与洪水风险大小成正比，即指标数值的增大会促进洪水风险的增大，因此标准化公式（5.6）可调整为

$$x_{is}=\left(\frac{x_i-x_{i\min}}{x_{i\max}-x_{i\min}}\right)\times 9+1 \tag{5.7}$$

式中各变量的物理意义同式（5.6），而 x_{is} 的取值范围拓展为 1～10，更利于洪水风险的分级。本书洪水危险性和承灾体易损性指标均用式（5.7）进行标准化，各指标经标准化后如图 5.6 和图 5.7 所示，取值范围均为 1～10。

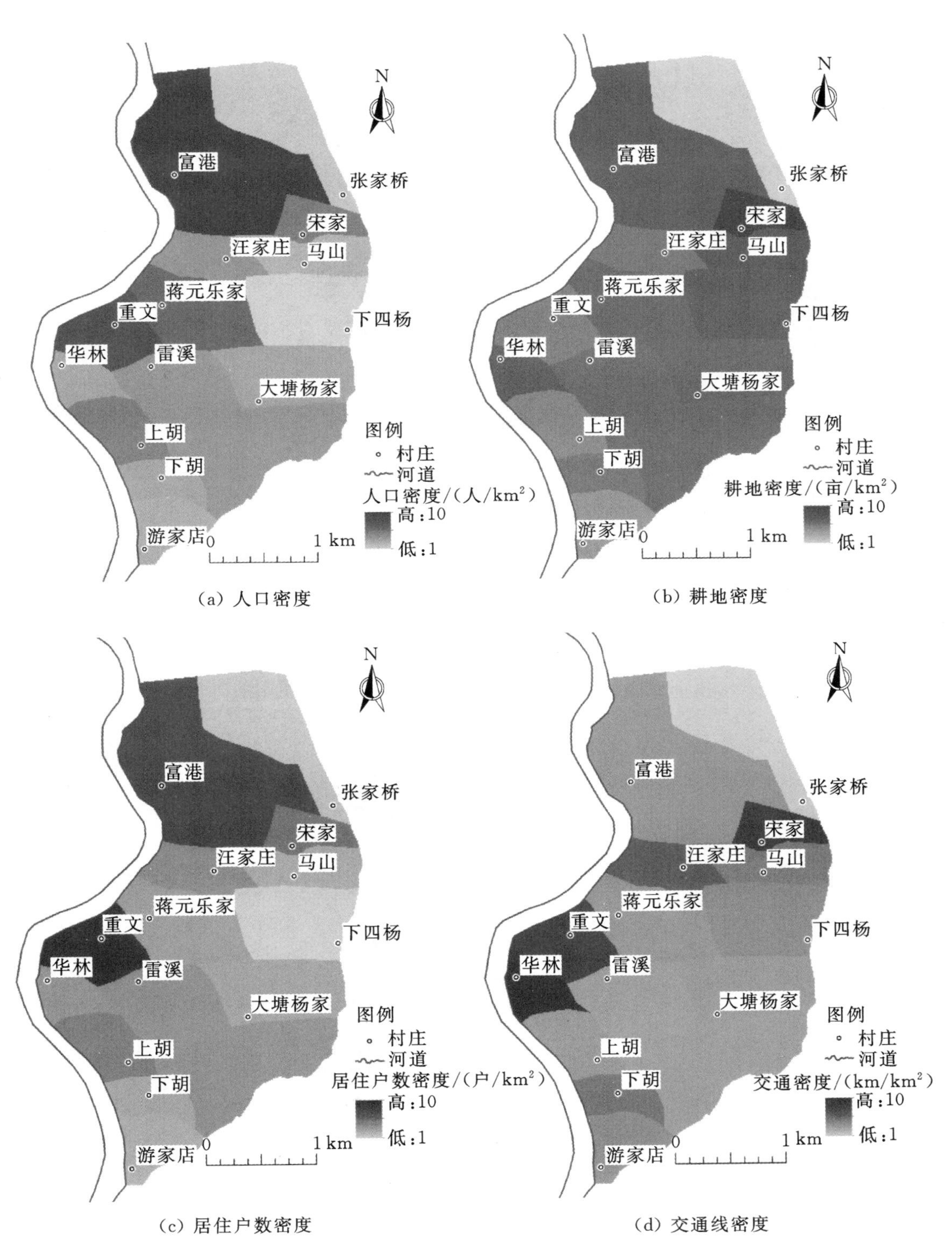

(a) 人口密度 (b) 耕地密度

(c) 居住户数密度 (d) 交通线密度

图 5.6 洪水风险评价易损性指标标准化图（后附彩图）

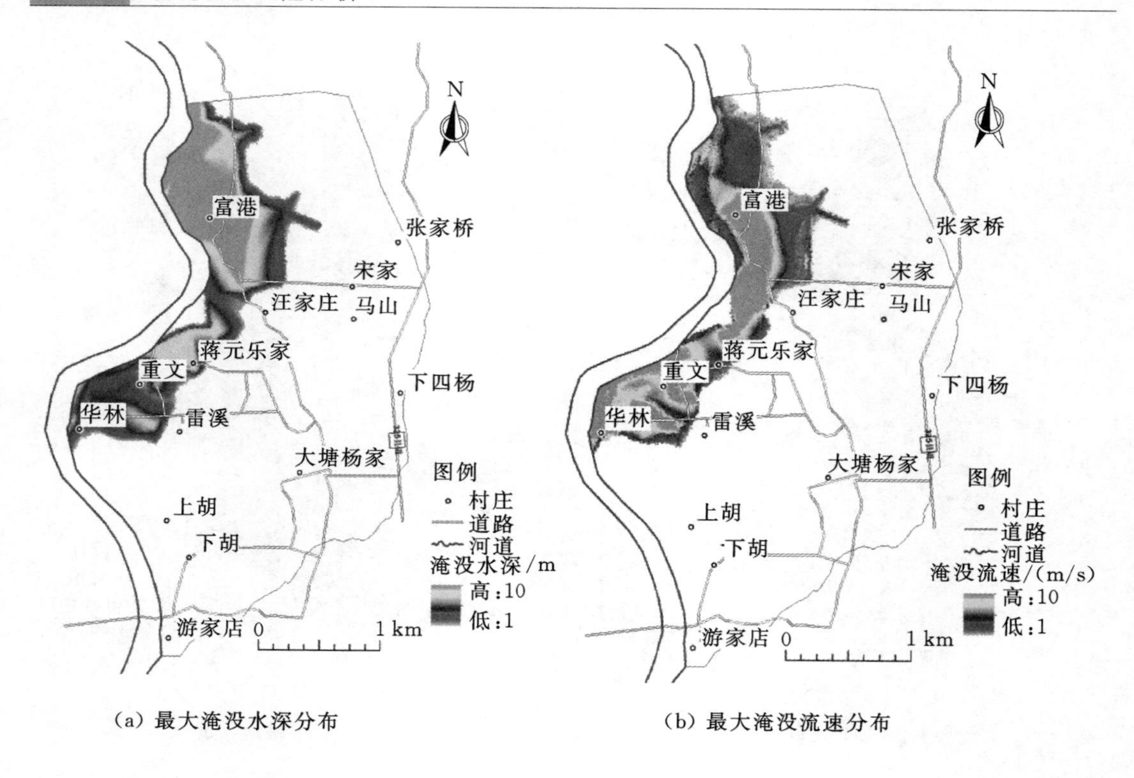

(a) 最大淹没水深分布　　(b) 最大淹没流速分布

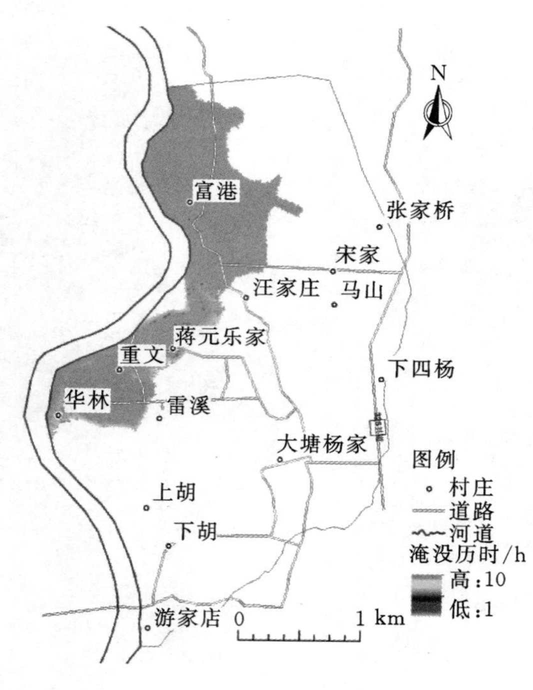

(c) 洪水淹没历时分布

图 5.7　洪水风险评价危险性指标标准化图（后附彩图）

5.4.3.4 指标权重的确定

确定各指标的权重，是为了反映不同指标对洪水风险评价的不同影响。在洪水危险性评价中，由于各指标均是从洪水淹没模拟的结果中提取的，每个指标都反映了洪水危险性对洪水风险的影响；在进行易损性评价时，各承灾体易损性指标之间也存在重要性差异。因此，各评价指标权重可以通过层次分析法计算求得。

1. *层次分析法的求解步骤*

综合评价法要求一次性给出各个指标的权重。当评估指标较多时，这是比较困难的。但是，给出每两个指标之间相对重要性的所谓成对比较指标却比较容易。例如，人员伤亡比经济损失绝对重要，直接损失比间接损失重要等。基于这样的想法和洪水综合评估体系结构的层次性，发展了一种递阶加权法，又称层次分析法。

层次分析法主要步骤如下：

（1）建立如图5.3所示层次结构模型。

（2）构造判断矩阵，反映偏好程度。判断矩阵是通过对同层次各目（指）标两两比较，按标度法建立的。层次分析法通过1～9这组数字使决策者的判断数量化。表5.10中对每个数值代表的相对重要程度给出了定义。

表5.10 相对重要性的比例标度（Saaty标度法）

相对重要程度	定义	备注
1	同等重要	标度可取2、4、6、8 表示两相邻判断的中间值
3	略微重要	
5	相当重要	
7	明显重要	
9	绝对重要	

例如，评价者认为人口子系统效应比经济子系统效应明显重要，按表5.10给出标度为7，对应地经济子系统对人口子系统的标度则为1/7。又如，社会子系统效应比经济子系统效应略微重要，相应标度为3。类似地，可给出第二层4个子系统效应的判断矩阵见表5.11。

在4个子系统中，表示各个组分（第三层）的相对重要性的各个判断矩阵可类似地给出。

表 5.11 子系统效应判断

2/1	自然生态效应	经济效应	人口效应	社会效应	权重
自然生态效应	1	1/3	1/9	1/5	0.0485
经济效应	3	1	1/7	1/3	0.1015
人口效应	9	7	1	3	0.6073
社会效应	5	3	1/3	1	0.2427

注 2/1 表示第二层 4 个子系统效应相对于第一层总体指标的重要性判断。

(3) 层次单排序，即根据判断矩阵求同层各目标对上层目标的权重。一般采用特征向量法求解。记判断矩阵为 $A_{m\times n}$，权重向量为 W，$W=(W_1,\ W_2,\ \cdots,\ W_n)^T$，$\lambda$ 是矩阵 A 的最大特征值。通过求解方程组

$$\left.\begin{aligned} AW&=\lambda W \\ \sum_{i=1}^{n} W_i&=1 \end{aligned}\right\} \tag{5.8}$$

可以获得 λ 及 $W_i(i=1,\ 2,\ \cdots,\ n)$ 值。例如对于上述第二层 4 个子系统效应的判断矩阵，可以列出方程组

$$\begin{bmatrix} 1 & 1/3 & 1/9 & 1/5 \\ 3 & 1 & 1/7 & 1/3 \\ 9 & 7 & 1 & 3 \\ 5 & 3 & 1/3 & 1 \end{bmatrix} \begin{bmatrix} W_1 \\ W_2 \\ W_3 \\ W_4 \end{bmatrix} = \lambda \begin{bmatrix} W_1 \\ W_2 \\ W_3 \\ W_4 \end{bmatrix} \tag{5.9}$$

$$W_1+W_2+W_3+W_4=1 \tag{5.10}$$

首先给定初始值 $W^{(0)}$ 值，然后利用迭代公式

$$AW^{(k)}=\lambda^{(k+1)}W^{(k+1)} \tag{5.11}$$

可求出 λ 及 W。当 $\| W^{(k+1)}-W^k \| \leqslant \varepsilon$ 时迭代收敛。计算结果是 $\lambda=4.0877$，W 值列在表 5.11 判断矩阵中旁边。

(4) 求出 λ 后，尚须对判断矩阵的一致性进行检验。设 a_{ij} 是判断矩阵中的元素。如果关系式

$$a_{ij}=\frac{a_{ik}}{a_{jk}},i,j,k=1,2,\cdots,n \tag{5.12}$$

成立，则称判断矩阵具有完全一致性。实际上式（5.12）并不总是成立的。为了度量不同判断矩阵的一致性，引入3个指标：CR、CI 和 RI。

$$CR=\frac{CI}{RI} \tag{5.13}$$

$$CI=\frac{\lambda-n}{n-1} \tag{5.14}$$

式中 RI——判断矩阵的平均随机一致性指标，其值已经算出并列于表5.12中；

CI——判断矩阵的一致性指标；

CR——检验判断矩阵的一致性指标，当 $CR<0.1$ 时，即认为判断矩阵具有完全一致性。

表5.12　判断矩阵的平均随机一致性指标

n	1	2	3	4	5	6	7	8	9
RI	0.00	0.00	0.58	0.90	1.12	1.24	1.32	1.41	1.45

（5）层次总排序。层次总排序就是将各层所有因素对于总目标层的相对重要性权值进行排序。这一过程是从高层到低层依次进行的，对于最高层而言，其层次单排序的结果也就是总排序的结果。此外，层次总排序也必须从高层到低层逐层进行一致性检验。即可求出图5.5中7个分指标相对于总体指标的权重。

2. 指标权重的确定结果

根据建立的洪水风险评价指标体系，通过层次分析法计算求得洪水危险性和承灾体易损性指标的权重结果，见表5.13～表5.16。

表5.13　评价指标权重的最终结果

评价指标	指标权重	评价指标	指标权重
淹没水深	0.2778	房屋密度	0.1429
淹没流速	0.1667	耕地密度	0.0714
淹没历时	0.0556	交通密度	0.1071
人口密度	0.1786		

表 5.14 洪水风险评价指标体系

洪水风险评价指标体系	危险性	易损性	权重
危险性	1	1	0.5
易损性	1	1	0.5

注 判断矩阵一致性比例：0.0000；对总目标的权重：1.0000；λ_{max}：2.0000。

表 5.15 危 险 性

危险性	淹没水深	淹没流速	淹没历时	权重
淹没水深	1	1.6667	5	0.5556
淹没流速	0.6	1	3	0.3333
淹没历时	0.2	0.3333	1	0.1111

注 判断矩阵一致性比例：0.0000；对总目标的权重：0.5000；λ_{max}：3.0000。

表 5.16 易 损 性

易损性	人口密度	房屋密度	耕地密度	交通密度	权重
人口密度	1	1.25	2.5	1.6667	0.3571
房屋密度	0.8	1	2	1.3333	0.2857
耕地密度	0.4	0.5	1	0.6667	0.1429
交通密度	0.6	0.75	1.5	1	0.2143

注 判断矩阵一致性比例：0.0000；对总目标的权重：0.5000；λ_{max}：4.0000。

5.4.4 洪水风险区划

5.4.4.1 洪水风险程度分析

1. 危险性分析

通过第 4 章水动力学模型模拟得到溃堤洪水淹没过程，其中包括最大淹没水深、最大淹没流速和淹没历时分布等危险性指标，并在 ArcGIS 平台中经过后期处理，得到标准化后的洪水危险性指标图，参见图 5.7。然后利用 ArcGIS 的空间分析功能，将洪水危险性各因子图赋予权重进行叠加分析，即各影响因子与其相应的权重相乘得出每个栅格单元的危险性指数 H，以此获得相应的洪水风险指数分布，如图 5.8 所示，从而科学地刻画不同指标综合作

用下对洪水风险程度的影响。危险性指数可表示为

$$H = 0.5556X_1 + 0.3333X_2 + 0.1111X_3 \tag{5.15}$$

式中 $X_1 \sim X_3$——淹没水深、淹没流速、淹没历时。

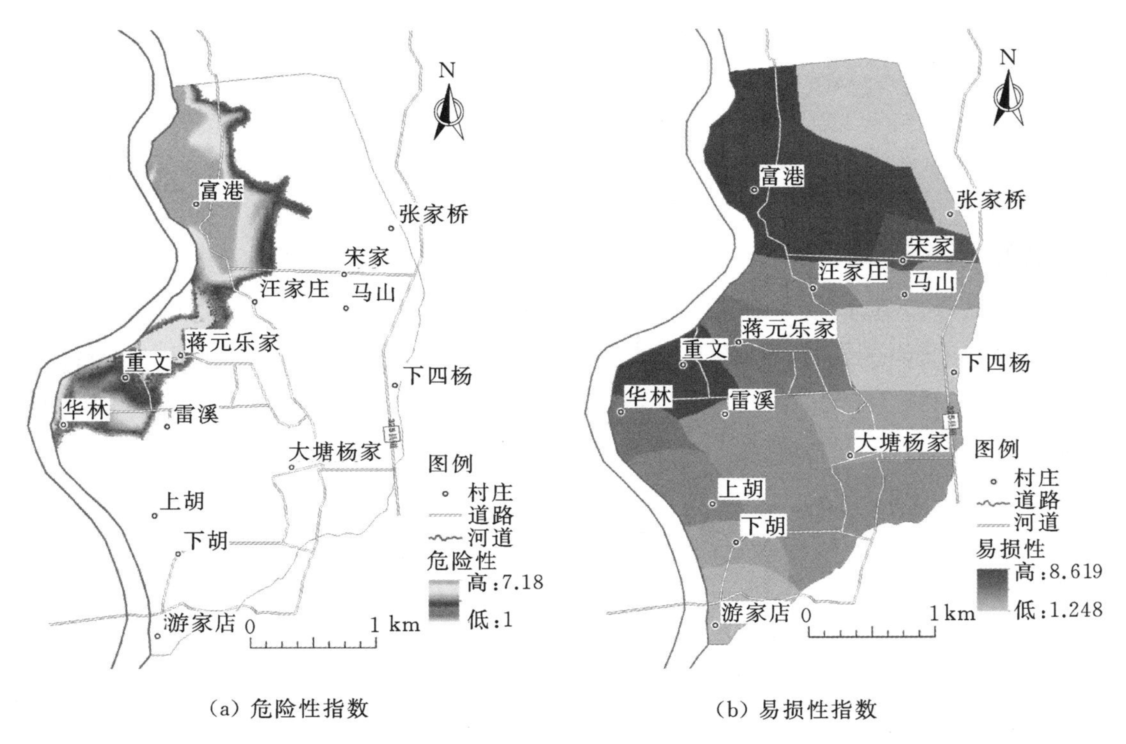

(a) 危险性指数　　(b) 易损性指数

图 5.8 洪水风险评价指数（后附彩图）

图 5.8 中洪水危险性指数越大，表示洪水威胁程度越高。

由图 5.8 (a) 可知，洪水灾害危险指数的分布格局为：研究区北部危险指数高，南部危险指数则较小。危险指数大的区域主要位于富港地区，危险指数最大值为 7.18，这是因为富港地处易涝区，地势相对较低，只能通过土壤下渗和管网来排水，从而导致该区域淹没流速大洪水冲击力也随之增大，因此受淹地区的房屋、道路等更易受到毁坏。加上该区域淹没深度大，历时越长，造成的损失越大，损失率也随之增大；其次，重文和蒋元乐家危险指数较大，这是由上述区域的淹没水深、淹没流速及淹没历时较大导致。其他区域如华林等地的危险指数则较小。

2. 易损性分析

承灾体易损性是从洪水给研究区社会经济财产带来的危害角度进行评价[79]。本书根据水动力学模型模拟出的结果并通过 ArcGIS 软件空间分析，得

到各易损性指标的空间分布（图 5.8）。然后利用 ArcGIS 的空间分析功能对人口密度、居住户数密度、耕地密度和交通线密度等易损性指标进行加权叠加分析得出每个栅格单元的易损指数。

$$V=0.3571X_4+0.2857X_5+0.1429X_6+0.2143X_7 \quad (5.16)$$

式中　X_4，X_5，X_6，X_7——人口密度、居住户数密度、耕地密度和交通线密度。

研究区洪水风险易损指数分布中承灾体易损性指数越大，表示承灾体潜在的易损性越大。

由图 5.8（b）可知，易损性指数最大的区域位于重文和富港，最大值为 8.619；宋家、蒋元乐家、华林等区域的易损性较大；易损性最小的区域主要位于上胡、下胡及游家店等地。以重文和富港为例，这两个区域的社会经济总的来说最发达，因此易损性最大，一旦发生溃堤洪水灾害，受到的损失也最严重。

3. 风险指数

利用前文已构建的洪水风险模型进行罗塘河洪水风险指数分析。根据研究区实际情况，采用层次分析法得到洪水危险性 H 权重取为 0.50，易损性 V 取为 0.50。故有洪水风险指数公式

$$R=0.5H+0.5V \quad (5.17)$$

式中　R——洪水风险指数；

H——洪水危险性指数；

V——易损性指数。

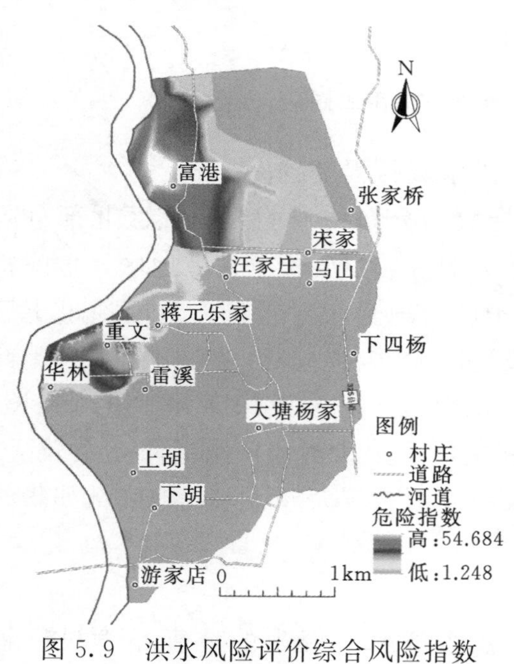

图 5.9　洪水风险评价综合风险指数（后附彩图）

根据式（5.17），利用 ArcGIS 软件，将各指标进行空间插值后形成栅格图层，然后通过栅格计算器计算出每个栅格的风险指数 R。研究区洪水风险指数如图 5.9 所示。图 5.9 中洪灾风险指数的大小代表了洪水风险的高低，风险指数越大的地方发生洪水灾害的可能性越大，洪水造成的损失也随之增大。

由图 5.9 可知，北部如富港地区风险指数最大，风险指数最大值为

54.684。由于富港淹没历时较长，淹没水深和淹没流速都较大，另外该区域的人口密度、耕地密度、居住户数密度也非常大，因此富港地区的风险指数最大。风险指数较大的区域主要分布在重文和蒋元乐家，这些区域的洪水危险性相对不高，但是由于农田密布，社会经济因子集中，因此风险指数较大。洪水淹没的华林、宋家、汪家庄和上胡境内及富港部分区域，由于淹没程度不高，因此风险指数较小。风险指数最小的地区为游家店、下胡、大塘杨家和马山等处。

5.4.4.2 洪水风险等级划分

获得洪水风险评价的结果后，通常可以将洪水风险指数划分为3～5个等级，绘制洪水风险区划图，使结果更加直观、易懂，有利于为防洪减灾部门在实际工作中提供有力的决策支持[103]。本书中将研究区洪水风险的划分为5个等级，即安全区、轻灾区、中灾区、重灾区及危险区。

风险等级往往通过聚类分析进行划分，聚类的方法有多种，需要根据实际情况选择合适的聚类方法。在洪水风险区划的研究中，常用的聚类方法如下：按照大小和谐、分布均匀原则的人工非线性分级法[104,105]；将指数均值作为等级区划转折点的标准差分级方法[106]；此外，由于洪水风险等级区划边界的不确定性，通常还会利用模糊聚类方法对其进行等级划分[107]。在本书中则使用IBM的SPSS软件通过快速聚类，获得聚类中心从而实现洪水风险指数的模糊综合聚类，聚类中心和各等级的面积及其所占百分比见表5.17。然后基于GIS对聚类的结果进行空间表达，即可绘制到洪水风险图，如图5.10和图5.11所示。结果表明：

表5.17　洪水风险等级划分

风险等级	聚类中心	面积/km^2	占研究区域面积百分比/%	占洪水到达区域面积百分比/%
安全区	—	4.71	54.14	—
轻灾区	4.07	2.55	29.31	63.91
中灾区	20.19	0.71	8.16	17.79
重灾区	32.65	0.54	6.21	13.53
危险区	45.46	0.19	2.18	4.76

（1）危险区表示洪水风险程度最高，罗塘河洪水危险区面积最少，为0.19km^2，占研究区总面积的2.18%，主要分布在地势低洼的富港地区，由于该地淹没历时较长，淹没水深和流速都较大造成其洪水危险性比较大，这是其洪水风险高的主导因素。

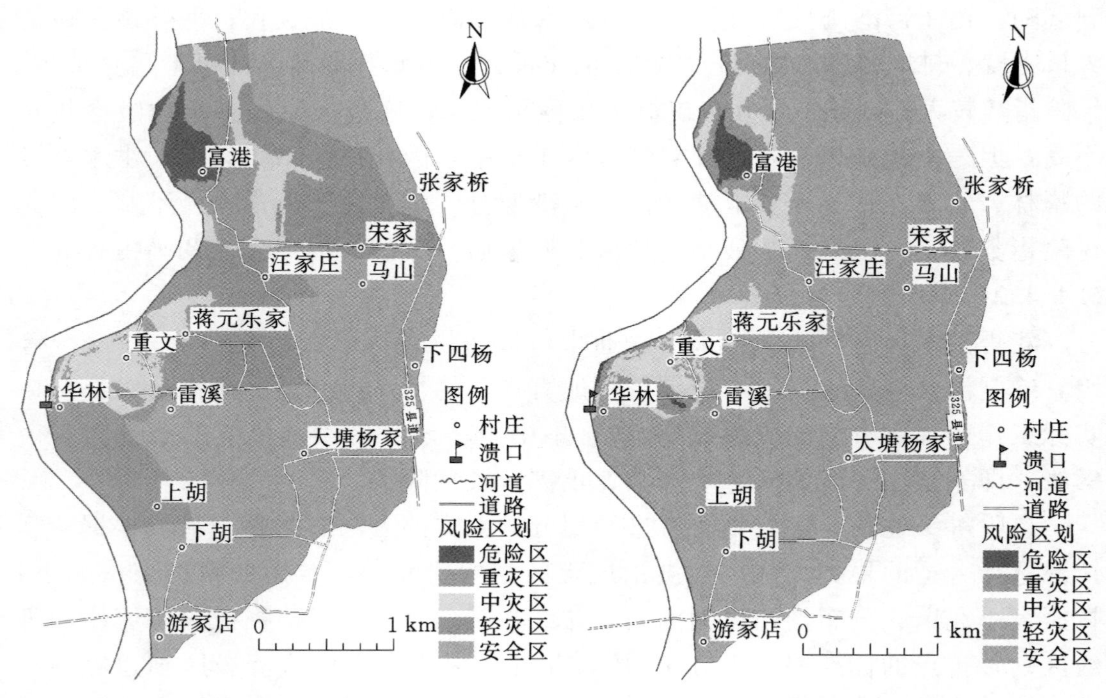

图 5.10 罗塘河堤防溃决（20 年一遇）洪水风险图（后附彩图）

图 5.11 罗塘河堤防溃决（10 年一遇）洪水风险图（后附彩图）

（2）重灾区、中灾区均主要分布在罗塘河险工发生溃决而遭受淹没的重文和蒋元乐家，总面积为 1.25km²，占研究区总面积的 14.37%，这些区域的洪水危险性相对不高，但是由于农田密布，社会经济因子集中，使其洪水风险程度处于中等水平。

（3）轻灾区表示洪水风险程度较低，总面积为 2.55km²，占研究区总面积的 29.31%，主要分布在有洪水淹没的华林、宋家、汪家庄和上胡境内及富港部分区域，由于淹没程度不高，起主导作用的是易损性因子。

（4）安全区为研究区域内洪水没有到达并且地物覆盖价值较低的地区，包括游家店、下胡、大塘杨家和马山等处，此区域面积最大，总面积为 4.71km²，占研究区总面积的 54.14%，因为这些地方洪水危险性相对较低，且人口分布稀疏，社会经济相对欠发达，故洪水风险较小。

5.5 小结

本章以江西省罗塘河为例，利用洪水数值模拟与 GIS 软件结合的方式，依据灾害系统理论从洪水的危险性和易损性两方面选择淹没水深、淹没流速、淹没历时等7个指标构建溃堤洪水风险评价指标体系；根据风险的概念和洪灾风险计算公式，建立洪水风险评估模型，并利用洪水风险评估模型对研究区进行风险评估。结果表明：

（1）危险指数大的区域主要位于富港地区，危险指数最大值为7.18；其次，危险指数较大的区域主要位于重文和蒋元乐家；其他区域如华林等地的危险指数则较小。

（2）易损指数最大的区域位于重文和富港，最大值为8.619；宋家、蒋元乐家、华林等区域的易损性较大；易损性最小的区域主要位于上胡、下胡及游家店等地。以重文和富港为例，这两个区域的社会经济总的来说最发达，因此易损性最大，一旦发生溃堤洪水灾害，受到的损失也最严重。

（3）北部如富港地区风险指数最大，风险指数最大值为54.684。风险指数较大的区域主要分布在重文和蒋元乐家。洪水淹没的华林、宋家、汪家庄和上胡境内及富港部分区域，由于淹没程度不高，因此风险指数较小。风险指数最小的地区为研究区域内洪水没有到达并且地物覆盖价值较低的地区，包括游家店、下胡、大塘杨家和马山等处。

（4）研究区洪水危险区面积约0.19km^2，占全区总面积的2.18%；重灾区面积约0.54km^2，占全区总面积的6.21%；中灾区面积0.71km^2，占全区总面积的8.16%；轻灾区面积2.55km^2，占全区总面积的29.31%；安全区面积4.71km^2，占全区总面积的54.14%。洪水风险程度最高主要分布在地势低洼的富港地区，由于该地淹没历时较长，淹没水深和流速都较大造成其洪水危险性比较大，这是其洪灾风险高的主导因素。安全区为研究区域内洪水没有到达并且地物覆盖价值较低的地区，包括游家店、下胡、大塘杨家和马山等处。

综上所述，富港地区为洪水灾害危险区，该区域发生洪水灾害的可能性很大，洪水灾害发生时对该区域造成的损失比其他区域更为严重，防洪部门应当予以警惕，建议防洪部门定期对河道进行清淤并且对堤防进行加高加固处理以提高抵御洪水的能力。

本书仅针对历史溃堤位置进行溃堤洪水风险分析，研究的工况也较为单一，并且本书并未涉及堤防工程本身失事的风险分析，应继续搜集堤防资料，使得溃堤洪水风险区划更为全面、合理、可靠。

6

溃堤洪水风险预警与应急对策研究

在我国江河防洪体系中，中小河流防洪能力建设是一个薄弱环节。与大江大河相比，中小河流缺乏实测水文资料，大部分中小河流站网密度偏稀，缺少必要的应急监测手段，预报方案不健全，因此中小河流山洪预警预报和灾害防御已成为目前防洪减灾工作中突出的难点。洪水预警是防汛决策的重要依据，合理的洪水预警对于提高防汛减灾效益极为重要。针对水文资料缺乏的中小河流，本章以贵溪市罗塘河为例，采用中小流域水文计算和 MIKE 水动力模型，对其临界水位指标进行了分析和计算，提出了罗塘河中下游堤防溃口应急总体对策，为中小河流防洪工作提供技术参考。

6.1 溃堤洪水风险预警

6.1.1 基于水动力学模拟的预警指标确定方法

根据罗塘河的暴雨特性、地形地质条件等，选择水位、雨量作为本地区可能发生溃堤的预警指标。预警指标确定具体步骤如下[108]（图 6.1）：

（1）考虑到缺乏罗塘河雨量流量资料，根据《手册》（2010）采用瞬时单位线法推求断面设计洪水，并将其作为河道洪水演进模型的输入。

（2）利用 MIKE 软件建立贵溪市罗塘河下游段的一维、二维耦合模型，并运用该模型，对罗塘河下游段溃堤洪水演进过程进行模拟，得到溃口流量过程和堤防保护区淹没信息。

（3）根据洪水演进及淹没模拟结果，进行洪水风险区划，得到洪水风险图，在此基础上，确定危险断面所处危险区人员转移至避灾地点所需时间。

（4）根据 MIKE11 计算结果确定河道涨水时间，同时结合危险区群众转

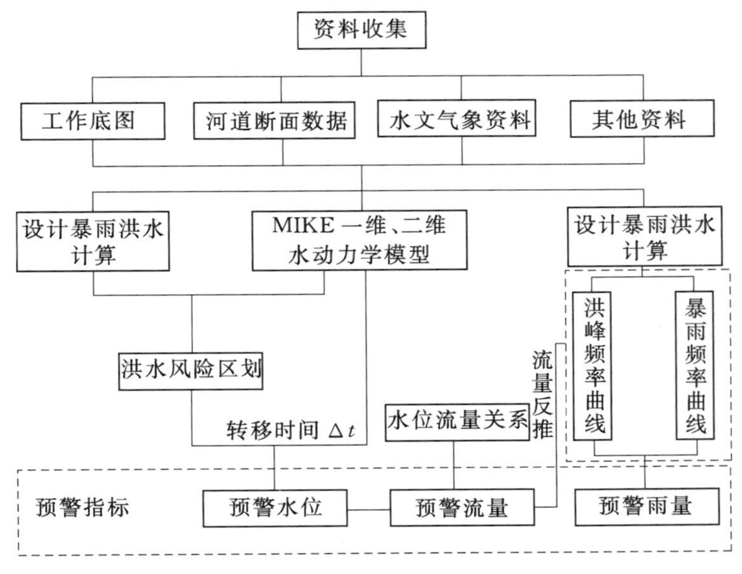

图 6.1 预警指标确定流程图

移到避灾地点所需时间，最终确定罗塘河溃堤警戒水位和危险水位。

(5) 根据得到的警戒水位和危险水位，采用水位/流量反推法，确定相应临界雨量。

6.1.2 罗塘河预警指标分析

6.1.2.1 设计洪水推求

利用 ArcGIS 软件量算罗塘河研究河段起始断面以上研究区域控制流域面积为 573km^2，主河道长 59.333km，纵比降为 1‰，具体位置如图 6.2 所示。根据坝址位置和流域特征值，利用“基于 MapObjects 的中小流域水文水利计算软件”推求设计暴雨及罗塘河下游段 10 年一遇洪水过程，洪峰流量为 1272m^3/s，具体结果详见第 3 章。

6.1.2.2 MIKE 水动力学模拟

MIKE 11 模块模拟河道一维非恒定流，输入信息包括河网数据 (.nwk11)、断面数据 (.xns11)、边界条件 (.bnd11)、水动力学参数 (.hd11)、模拟时间 (Time) 以及输出数据类型 (.res11)。具体输入信息设置如下：

(1) 河网数据。根据概化的罗塘河河网，生成各节点和河段信息，设置主河道与支流之间的联结关系。

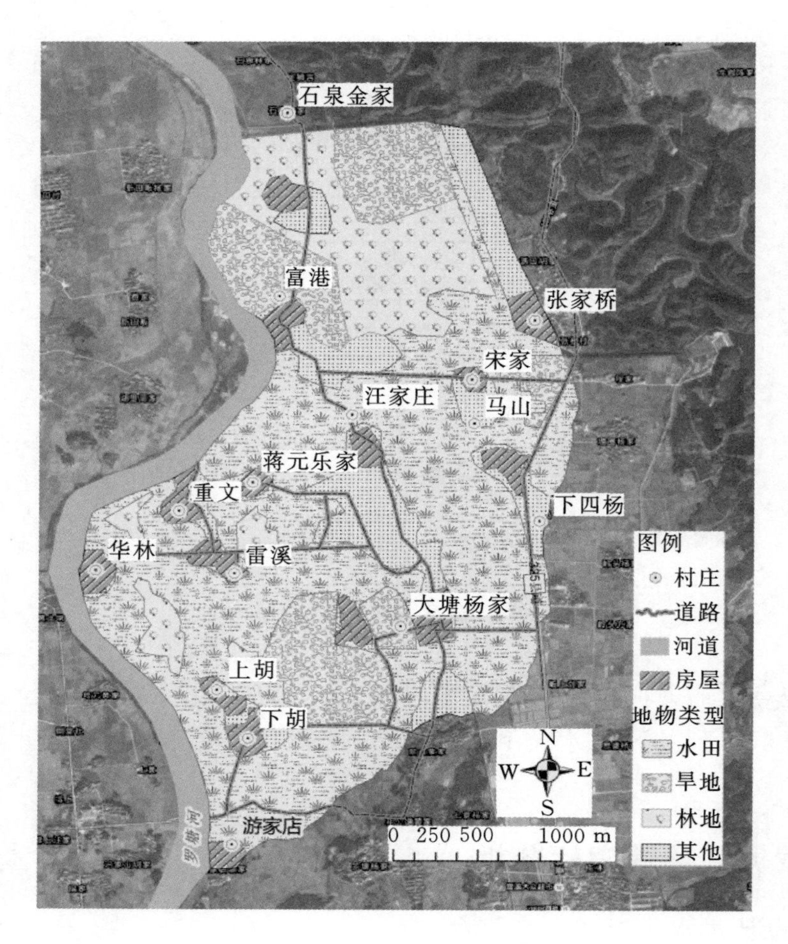

图 6.2 研究区示意图

(2) 断面数据。根据罗塘河实测河底高程概化河道断面并标记河道断面特征点。

(3) 边界条件。研究区上边界设置为设计频率（$p=10\%$）下的流量过程，如图 6.3 所示，下边界设置为罗塘河出口断面的水位-流量关系，如图 6.4 所示。

(4) 参数设置。根据实际情况将初始水深设为 0.1m，将河道曼宁系数分段设置为 0.025～0.034，局部河段床面不平整，河底由卵石或块石组成，处于顺直段夹于两弯道之间，且两侧岸壁长有树木杂草，曼宁系数设置为 0.040～0.065。

(5) 模拟时间。模拟时间采用与入流条件相同的时间段，时间步长为 10s，时间步数为 52920。

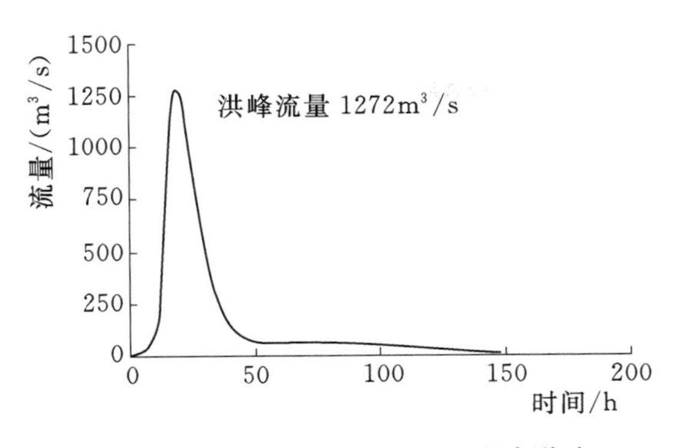

图 6.3 罗塘河 10 年一遇设计洪水流量过程

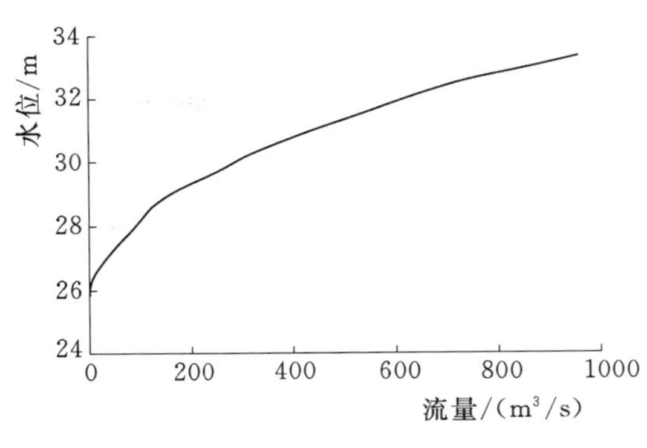

图 6.4 罗塘河河口水位-流量关系

(6) 结果输出。设置输出路径并保存为 .res11 文件。

根据上述建立的罗塘河一维水动力学模型对罗塘河进行洪水演进模拟。

MIKE 21 模块主要参数信息包括基本参数和水动力学模块物理参数两类。其中，基本参数包括地形数据、模拟时段和模型选择；水动力学模块物理参数包括干湿水深、涡粘系数、糙率以及初始条件等。具体参数设置见表 4.2。

将 MIKE 11 和 MIKE 21 的模拟文件在 MIKE FLOOD 中进行耦合，耦合方式采用侧向连接，将 MIKE 11 的各河段分别与 MIKE 21 中的一系列网格单元连接。连接方法采用“Cell to Cell”，即对结构物中每 1 个节点都进行水动量方程计算，之后所有经过计算的水流都被重新分配到 MIKE 11 和 MIKE 21 网格单元中。连接的结构物类型选择为 WEIR1，堤岸高度则选择 MIKE 11 堤岸标记和 MIKE 21 网格单元中的最大高程，具体模拟结果见第 4 章。

从洪水的危险性和易损性两方面构建洪水风险评价指标体系，并基于 MIKE FLOOD 的洪水演进模拟结果，借助 GIS 与层次分析法对罗塘河洪水风险进行评价，得到洪水风险区划图，具体评价结果见第 5 章。

6.1.2.3 预警指标的确定

1. 临界水位

通过山洪灾害普查及二维洪水演进模拟（见第 4 章），确定罗塘河研究河段危险区，如图 6.5 所示；然后，利用 ArcGIS 软件中的网络分析功能，根据道路矢量确定危险断面（华林溃口）所处危险区人员转移至避灾地点（大塘杨家）的最佳路径及所需时间，考虑适当安全系数，即得危险断面处水位涨到堤顶所需的时间 Δt；通过 MIKE11 一维水动力学模型计算河道水位及涨水时间，结合危险断面处水位涨到堤顶所需的时间，最终确定罗塘河研究河段危险水位，预警指标计算如图 6.6 所示。警戒水位则据此按照一定时间间隔进行反推得到。具体计算结果见表 6.1。

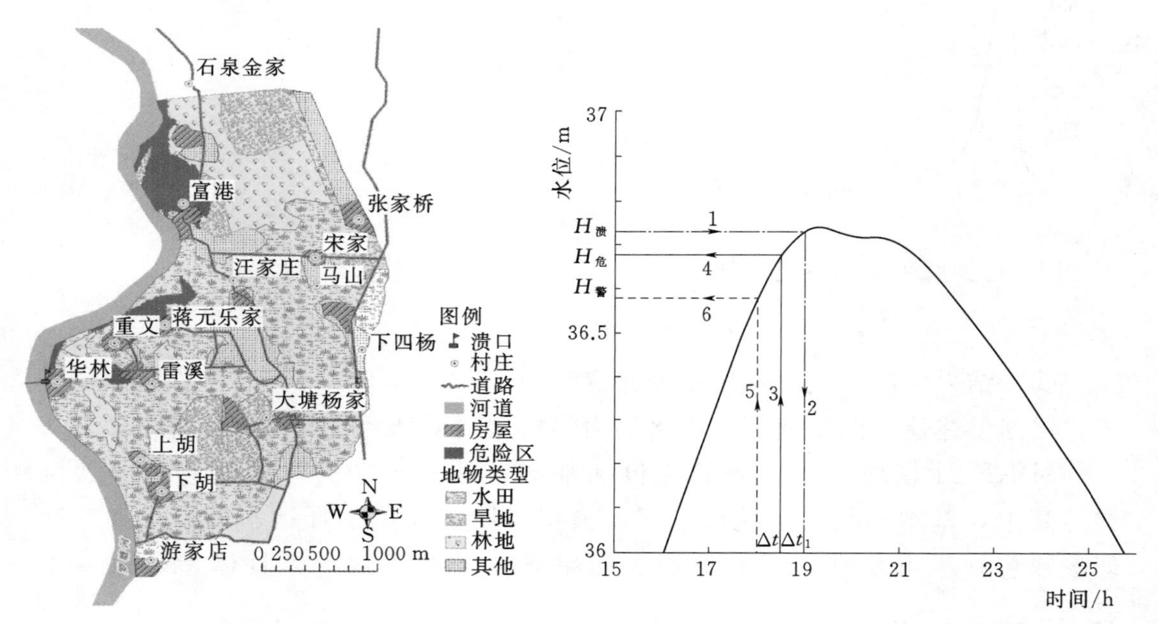

图 6.5 罗塘河研究河段危险区划（后附彩图）

图 6.6 罗塘河研究河段预警指标计算

表 6.1 **罗塘河洪水位预警指标计算结果**

河流名称	预警断面	转移时间/min	预警指标	
			警戒水位/m	危险水位/m
罗塘河	22 号	30	36.58	36.68

2. 临界雨量

临界雨量的确定采用水位/流量反推法。该法主要思路和算法[52,57,109]为：①选取控制断面，确定预警水位等指标，计算水位流量关系；②绘出各频率不同时段下（1h、6h、24h）降雨的暴雨频率曲线图；③确定各暴雨频率下 1h、6h、24h 降雨形成的断面洪水过程线；④绘制各频率洪水洪峰流量与暴雨频率关系曲线（图 6.7）；⑤根据特征流量，从各频率洪水洪峰流量与暴雨频率关系曲线图中查出该值对应的频率值；⑥根据该频率值，从暴雨频率曲线上确定降雨量，该降雨量即可作为临界雨量初值，初值确定后，需在今后的实际运行中，根据实际发生的降雨与致灾情况，对初值进行修正，以使其不断接近真值。罗塘河溃堤临界雨量预警指标见表 6.2。

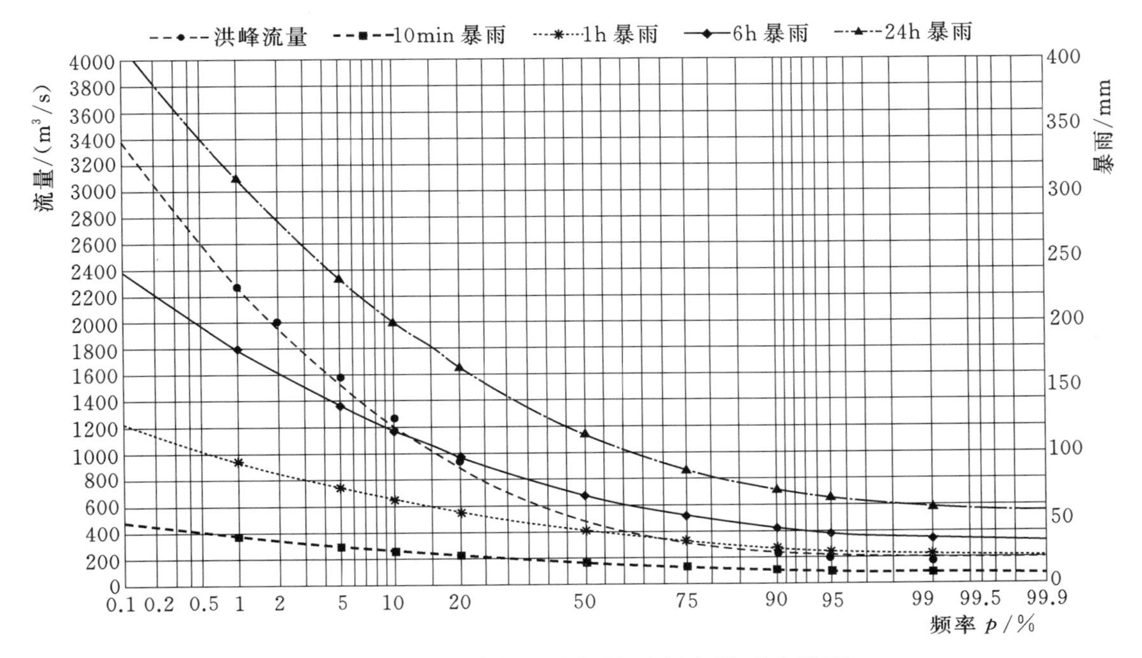

图 6.7 洪水洪峰流量与暴雨频率关系曲线图

表 6.2 罗塘河堤防溃决雨量预警指标

河流名称	预警断面	预警指标					
		警戒雨量/mm			保证雨量/mm		
		1h	6h	24h	1h	6h	24h
罗塘河	22号	51.41	94.01	174.81	54.63	100.91	187.96

6.1.2.4 预警指标分析

洪水预警是防汛决策的重要依据。针对水文资料缺乏的中小河流，以贵溪市罗塘河下游段为例，通过小流域水文计算和 MIKE 11 水动力模型对罗塘河洪水预警指标进行了研究。

(1) 通过中小流域水文计算，采用瞬时单位线法，对各控制断面设计洪水进行计算，并将其作为 MIKE 11 水动力模型的输入洪水过程，一定程度上解决了 MIKE 11 水动力学模型构建所需的水文资料问题。

(2) 以罗塘河为例，通过中小流域水文计算和 MIKE 11 水动力模型，结合危险区群众转移到避灾地点所需时间综合确定了罗塘河洪水预警水位。危险水位可作为立即转移指标，在此基础上考虑转移准备时间及安全余地，下调一定幅度作为准备转移指标。

本节初步确定了罗塘河洪水预警指标，在今后的实际操作过程中还需不断积累历史洪水资料对该指标进行修正，以便在今后的防洪决策中能更好地为中小河流防洪决策提供技术参考。

6.1.3 预警分级

根据临界降雨量及河道堤防状态，河道堤防溃决事件预警级别依次用红色和黄色表示。预警级别划分标准见表6.3。

表6.3 预警级别划分标准

预警级别	Ⅰ级	Ⅱ级
预警级别标识	红色	黄色

第Ⅱ级为黄色预警信号。其含义为：根据降雨预报，24h之内将有强降雨发生，当1h、6h或24h降雨达到警戒雨量，且降雨可能持续，或罗塘河河道水位达到警戒水位时，贵溪市水利主管机构应当启动紧急应急程序，进入紧急防灾状态，相关部门做好重大洪水灾害的跟踪预报、预测、预警服务工作，密切监视雨情、水情及由强降雨诱发的山体滑坡、泥石流等地质灾情，部署并落实防御措施。及时对受灾害威胁的人员及财产（可转移）进行撤离和转移。

第Ⅰ级为红色预警信号。其含义为：根据降雨预报，24小时之内将有强降雨发生，当1h、6h或24h降雨达到保证雨量，且降雨可能在较长时间内持续，或罗塘河河道能发生漫溢或决堤时，贵溪市水利主管机构应当启动特别紧急应急程序，进入特别紧急防灾状态，相关部门要做好重大洪水灾害的监测、预报、预测、预警服务工作，及时启动抢险应急方案，保证受灾害威胁的人员及财产（可转移）在规定时间内迅速撤离，转移至安全场所避灾，并实施相应的抢险救灾程序。

6.2 堤防溃决避险转移方案

在全球变暖的整体趋势下，极端气候造成的洪水灾害急剧上升[110]。而洪水对于岸堤、水库、大坝等水工建筑物的安全性也存在极大的威胁，一旦发生溃决，会造成大量的人口和经济财产损失[111,112]。当溃堤洪水发生在城镇、乡村等人口密集处时，除了采取必要的工程措施外，提前做好避险转移同样是当务之急。当下对于避洪转移的研究，国内外有众多学者致力其中。徐志远采用层次分析法建立指标模型，综合考虑了因地制宜性、安置可行性、可持续发展性等因素对安庆市望江县高士镇进行了避难场所选址，并得到了最优避难方案[113]。殷丹基于GIS网络分析技术，以浑河右岸某段堤防溃堤为例，实现了避洪转移最短路径的搜索，并绘制了路线图[114]。李德龙以江西省重点防洪保护区蒋巷联圩防洪保护区为例，考虑赣江和鄱阳湖洪水遭遇组合情况，研究圩区内遭遇最大量级洪水工况下，人口避洪转移情况，并基于ArcGIS空间分析法确定区内避洪转移路线，绘制相应避洪转移图[115]。陈祥以庐山风景区为研究对象，基于绘制的研究区山洪灾害风险区划图，利用ArcGIS软件的空间分析功能确定了需转移的人口数量、应急避险场所、避难单元及各避险单元到达相应应急避险场所的最短路径，由此制定了研究区山洪灾害避险转移方案[116]。

由于现有避洪转移研究多数考虑最短路径而忽略了不同等级的路径的避难行进速度，因此本节在罗塘河溃堤洪水风险的基础上进行避洪转移的深入研究，考虑不同等级道路的避难行进速度，以就近原则对罗塘河溃堤避洪转移进行路线规划，研究成果可为流域洪水灾害的避险提供参考依据。

6.2.1 基于GIS的避险转移方案确定方法

避险转移方案研究的基本工作包括：统计研究区资料及现场勘察，危险区的确定与转移单元的选择，避险转移方案的制订及避险转移路线图的制作等内容[114]。本节基于罗塘河溃堤洪水风险图等相关成果，开展避险转移分析，其工作重点即为转移路线的确定。转移路线考虑时间最短、路径最短等方面进行规划。本文采用GIS软件中的网络分析功能，进行避险转移路径的分析。避险转移方案的确定方法如下：

（1）基于洪水风险的危险区及避险单元确定。根据洪水风险要素信息，如洪水淹没范围、淹没水深、洪水流速、洪水抵达时间、洪水淹没历时等，确定危险区范围。避险转移单元位于危险区内，一般根据转移区居民的行政隶属关系进行确定。根据《避洪转移图编制技术要求（试行）》（全国重点区洪水风险编制技术规范）规定[117]，通常以乡镇或行政村为转移单元。

（2）转移方式选择及人口分析。避险方式分为就地安置和转移安置两类，利用GIS的空间分析功能，将洪水风险分析结果与居民区人口空间分布数据叠加分析，得到需要转移的人员数量及空间分布，并确定相应的转移方式。

（3）安置区划分。安置区的选择原则上应结合区域预案设置进行划定，同时应保证处于免受洪水威胁且道路通畅，并遵循就近安置、保障基本生活、位置通达性、地面高程适宜、人口容纳性等原则。可基于GIS平台，结合洪水分析的结果来确定安置区，一般选择不受洪水影响的学校、公园、体育场等公共场所。

（4）转移路线的确定。通过 Google 地图在 GIS 操作界面对研究区域道路数字化；基于道路要素数据，在 ArcCatalog 中构建网络数据集，并对道路连通性、高程、属性（距离、行驶速度、道路等级、行驶时间）、方向等进行设置；基于已经构建的网络数据集，确定出发位置和终点位置，即为避洪转移方案中的避险单元与安置点的位置；基于 GIS 网络分析功能建立研究区避险单元-安置点的路网分析模型，根据路径优选理论分析确定效率最优的转移路线。

6.2.2 罗塘河堤防溃决避险转移方案研究

6.2.2.1 危险区及转移单元的确定

对于防洪保护区，危险区原则上可分为现状防洪标准危险区和最大量级洪水危险区，分别按照所有计算方案的淹没外包范围确定。对于蓄滞洪区和洪泛区，危险区一般根据洪水分析中的最大量级洪水淹没范围确定[117]。本次研究根据罗塘河防洪保护区 10 年一遇、20 年一遇洪水模拟淹没计算结果（主要包括：淹没范围、淹没水深、淹没流速、洪水抵达时间、洪水淹没历时等）确定。根据第 5 章洪水风险分析结果，罗塘河研究区内 10 年一遇危险区面积为 0.19km^2，占研究区总面积的 2.18%；20 年一遇危险区面积为 0.221km^2，占研究区总面积的 2.54%，主要分布在地势低洼的富港地区，如图 6.8 和图 6.9 所示。

罗塘河溃堤 10 年一遇淹没面积为 1.44km^2、20 年一遇淹没面积为 1.94km^2，根据《避洪转移图编制技术要求（试行）》（全国重点区洪水风险编制技术规范）规定："蓄滞洪区、洪泛区等区域的避险转移单元不大于自然村；防洪保护区转移单元不大于乡镇，如危险区面积小于 1000km^2，转移单元不大于行政村"，故本文选择行政村为避险区域内的避险单元，根据统计得到区内转移人口涉及 3 个行政村，分别为雷溪村、重文村和富港村。研究区风险区划及具体居民点、道路分布及洪水风险区划如图 6.8 所示。

6.2.2.2 转移方式选择及人口分析

避洪方式分为就地安置和转移安置两类：当满足水深小于 1.0m、流速小于 0.5m/s，且具有可容纳该区域人口的安全场所和设施时，采取就地安置方式；此外，不符合上述条件的可采取转移安置方式，若研究区域洪水淹没面积较大、洪水前锋演进时间大于 24h，则将洪水前锋到达时间划分为小于 12h，12～24h 和大于 24h 的三个时间区段进行转移分区。因本次计算为小流域范围

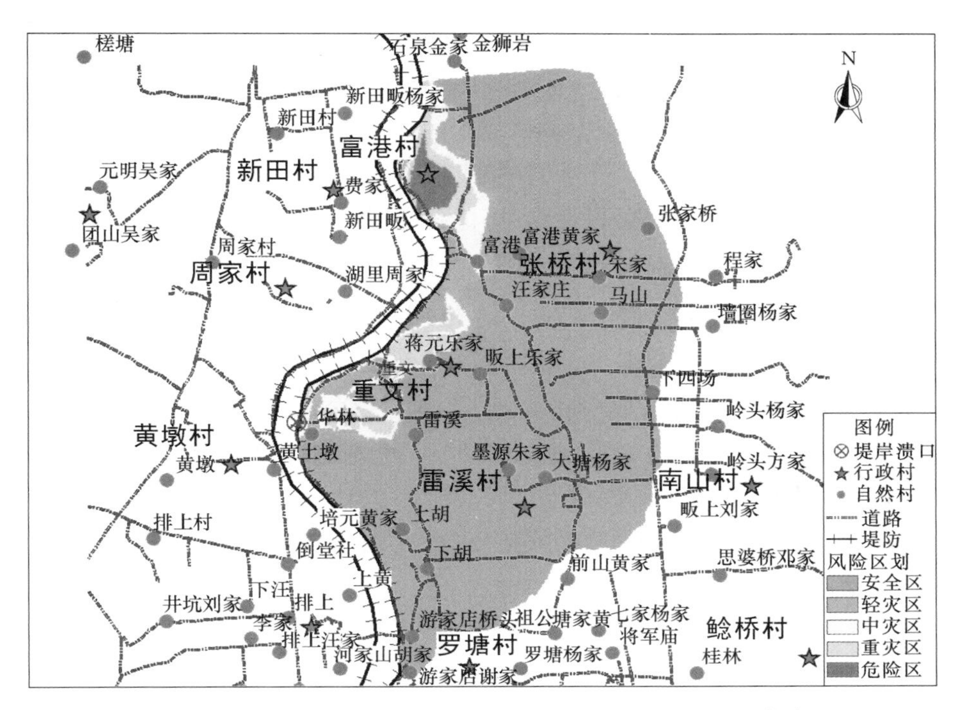

图 6.8 10 年一遇罗塘河溃堤淹没行政村范围图（后附彩图）

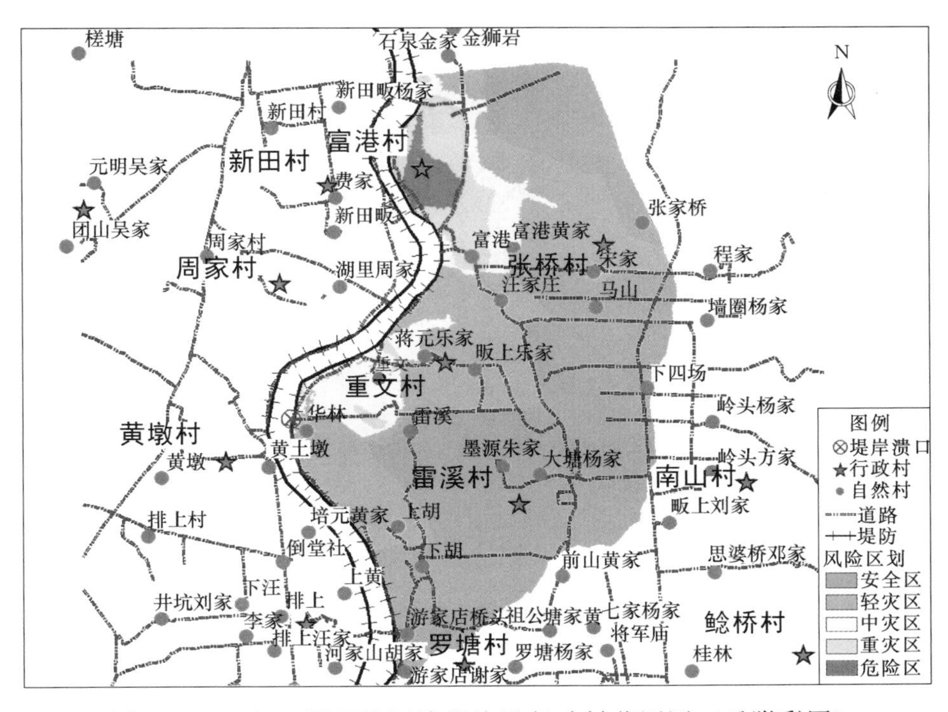

图 6.9 20 年一遇罗塘河溃堤淹没行政村范围图（后附彩图）

洪水演进，溃堤后洪水演进速度较快，故实际流域及模拟成果按洪水前锋到达时间小于0.5h、0.5～2h和大于2h进行转移批次划分，划分依据如图6.10和图6.11所示。由图6.10（a）可知，当遭遇10年一遇洪水时，研究区内最大淹没水深大于1m的区域集中位于富港村，但此处相对人口较少，无集中建筑物，因此可能造成的损失相对较小，其他区域最大淹没水深大多小于1m，因此就最大淹没水深而言，淹没范围均符合就地安置条件。而对于最大淹没流速来说［图6.10（b）］，最大流速大于0.5m的地区主要分布在华林（自然村）及蒋元乐家（自然村）至富港（自然村）之间的小部分区域，具有转移安置的条件，其他地区满足就地安置条件。图6.10（c）为洪水前锋到达时间分布图，由图可知重文以上至溃口附近的洪水前锋到达时间小于2h，其区域内居民可作为第一批转移对象；重文至下游富港村的洪水前锋抵达时间为2～12h，其区域内居民可作为第二批转移对象；富港村附近至其下游淹没范围内的洪水前锋抵达时间大于12h，相对危险程度较低，其区域内居民可作为第三批转移对象。

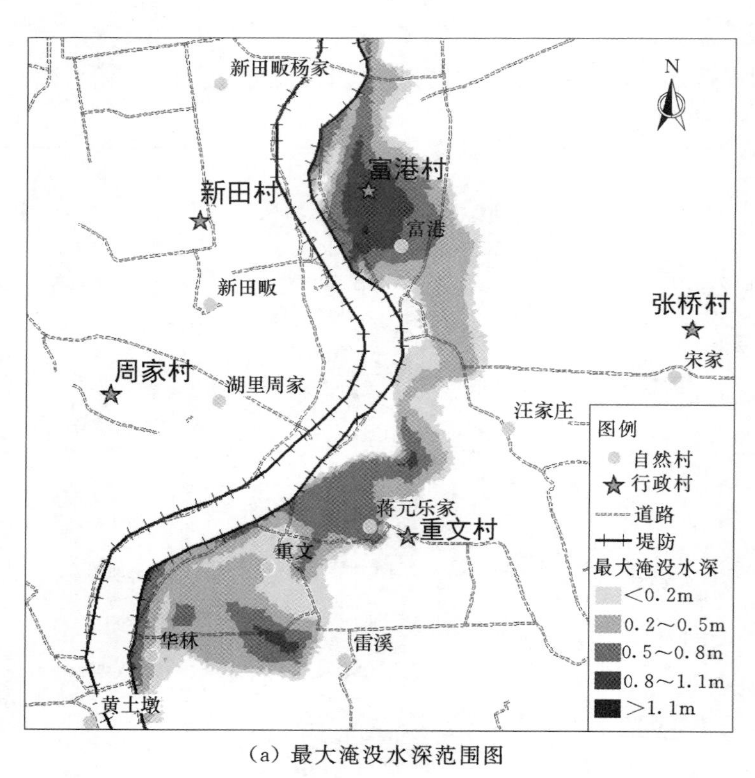

（a）最大淹没水深范围图

图6.10（一） 10年一遇避洪转移方式划分标准图（后附彩图）

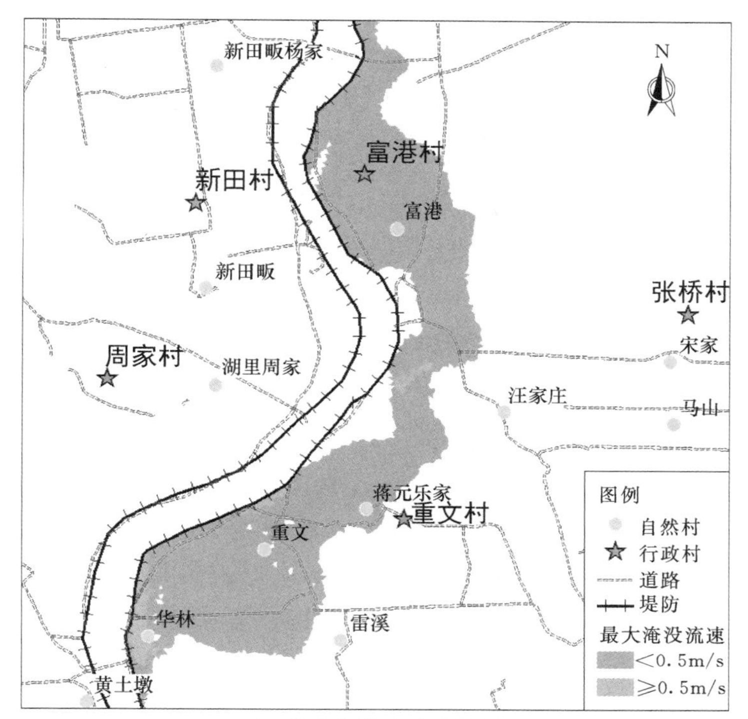

(b) 最大淹没流速范围图

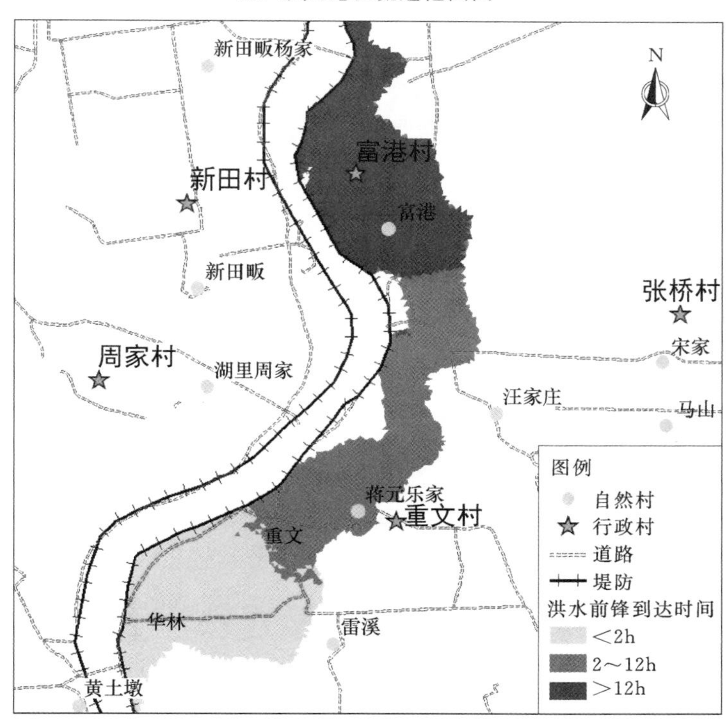

(c) 洪水前锋到达时间范围图

图 6.10（二） 10 年一遇避洪转移方式划分标准图（后附彩图）

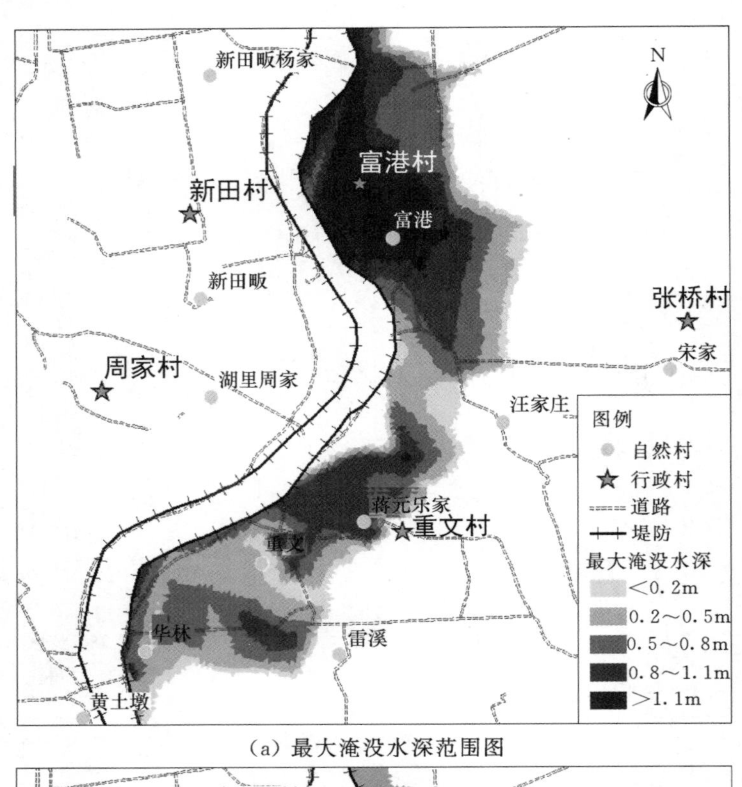

(a) 最大淹没水深范围图

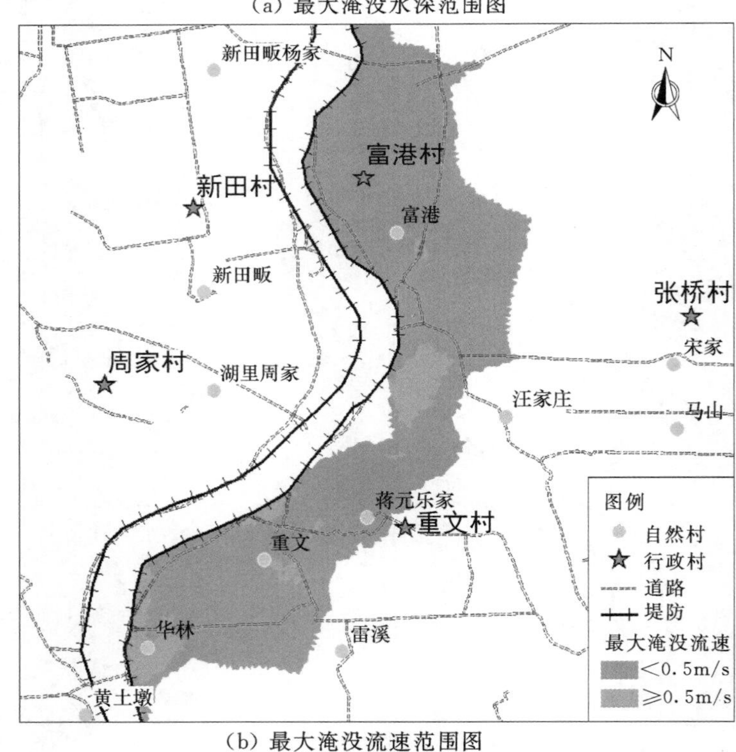

(b) 最大淹没流速范围图

图 6.11（一） 20 年一遇避洪转移方式划分标准图（后附彩图）

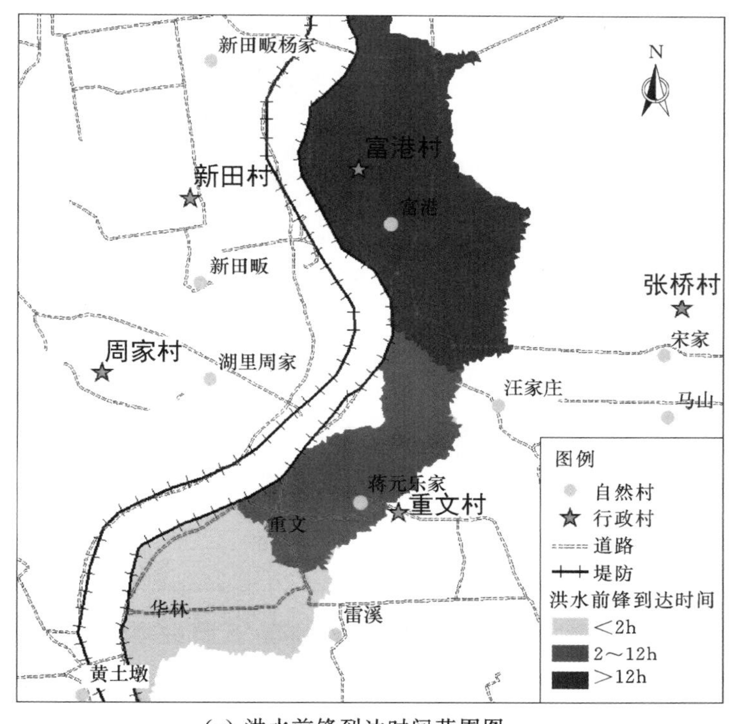

(c) 洪水前锋到达时间范围图

图 6.11（二） 20 年一遇避洪转移方式划分标准图（后附彩图）

由图 6.11（a）可知，当遭遇 20 年一遇洪水时，研究区内最大淹没水深大于 1m 的区域集中位于富港村及其下游区域，但此处相对人口较少，无集中建筑物，因此可能造成的损失相对较小，其他区域最大淹没水深大多小于 1m，因此就最大淹没水深而言，淹没范围均符合就地安置条件。对于最大淹没流速来说［图 6.11（b）］，最大流速大于 0.5m 的地区主要分布在华林（自然村）、重文（自然村）、蒋元乐家（自然村）至富港（自然村）之间及富港小部分区域，具有转移安置的条件，其他地区满足就地安置条件。图 6.11（c）为洪水前锋到达时间分布图，由图可知重文以上至溃口附近的洪水前锋到达时间小于 2h，其区域内居民可作为第一批转移对象；重文至汪家庄附近的洪水前锋抵达时间为 2～12h，其区域内居民可作为第二批转移对象；汪家庄附近至其下游淹没范围内的洪水前锋抵达时间大于 12h，相对危险程度较低，其区域内居民可作为第三批转移对象。

结合以上分析，对于异地转移避险单元，需要确定待转移人数，从而保证灾民转移的高效性。借助 ArcGIS 软件中的空间叠加分析，将所确定的避险单元、居民人口数据以及洪水淹没风险要素进行叠加，在此基础上计算研究区域内受淹没范围面积占总面积的比重，结合罗塘河区域人均住房面积及不同淹没程度，即可推算获得避险区域各避险单元转移人数及避洪转移安置方批次，计算结果见表6.4和表6.5。在10年一遇洪水溃堤情况下研究区共需要转移人口数为1959人，其中第一批转移265人，第二批转移1235人，第三批转移459人。第一批转移村落包括华林村66人和重文村199人，第二批转移村落包括重文村200人、蒋元乐家577人及富港村458人，第三批转移村落为富港村459人。

表6.4　罗塘河10年一遇溃堤避洪转移人口及批次统计分析表

序号	行政村	自然村	总人数/人	转移人口/人				就地安置人口/人
				第一批	第二批	第三批	总计	
1	雷溪村	华林	132	66	—	—	66	66
2	重文村	重文	444	199	200	—	399	45
3	重文村	蒋元乐家	577	—	577	—	577	577
4	富港村	富港	1833	—	458	459	917	916
合计			2986	265	1235	459	1959	1604

根据表6.5知，在20年一遇洪水溃堤情况下研究区共需要转移人口数为1959人，其中第一批转移465人，第二批转移1035人，第三批转移459人。第一批转移村落包括华林村66人和重文村399人，第二批转移村落包括蒋元乐家577人及富港村458人，第三批转移村落为富港村459人。

表6.5　罗塘河20年一遇溃堤避洪转移人口及批次统计分析表

序号	行政村	自然村	总人数/人	转移人口/人				就地安置人口/人
				第一批	第二批	第三批	总计	
1	雷溪村	华林	132	66	—	—	66	66
2	重文村	重文	444	399	—	—	399	45
3	重文村	蒋元乐家	577	—	577	—	577	577
4	富港村	富港	1833	—	458	459	917	916
合计			2986	465	1035	459	1959	1604

6.2.2.3　安置区划定

安置区的选择原则上应结合区域预案设置进行划定，同时应保证处于免受洪水威胁且道路通畅。由于研究区域内尚未制定区域洪水预案，且出于对避险期受灾人民的基本生活的保障，以公共建筑物或露天公共场地作为安置区的首要选择。安置区可容纳人数一般按照建筑物内人均面积3m^2、露天区域人均面积8m^{2}进行估算。为快速转移灾区灾民，按照就近原则确定转移单元与安置区的对应关系，罗塘河溃堤洪水避难安置场所见表6.6。由表可知，确定三个可供转移安置的地区分别为宋家小学、南山村空地、青垅岗小学，其安置区面积

分别为 $5955m^2$、$5580m^2$ 和 $24278m^2$，可安置人数分别为 1786 人、697 人及 565 人。安置区可容纳人口满足避险转移人口总数。

表 6.6　　安置区具体信息表

序号	行政村	自然村	安置区名称	安置区面积/m^2	可安置人数/人
1	张桥村	宋家	宋家小学	5955	1786
2	南山村	南山	南山村空地	5580	697
3	黄墩村	青坭岗	青坭岗小学	24278	565

6.2.2.4 转移路线确定

避险单元与安置区的对应关系确定后可根据道路网络数据情况来确定转移路线。当道路网络数据完备且具备道路通量信息时，按照时间最短原则确定转移路线；当道路网络数据完备但不具备道路通量信息时，通常按照最短路径原则确定转移路线。

本次研究区域涉及道路为双向通行的县道及乡道，根据道路交通法规并结合当地道路通行状况对区域道路进行分级处理：县道为 1 级、乡道为 2 级、较窄的入户道路为 3 级，并分别制定 50km/h、40km/h、30km/h 的行车时速。通过 ArcGIS 网络分析功能进行最短路径寻优提取，得到表 6.7 和表 6.8 所示转移路径。

表 6.7　　10 年一遇溃堤转移路线信息表

<table>
<tr><th rowspan="2">序号</th><th colspan="2">转移单元</th><th colspan="6">转移人口—安置区—路线历程信息</th></tr>
<tr><th>行政村</th><th>自然村</th><th>转移批次</th><th>转移安置人口/人</th><th>安置区</th><th>安置面积/m^2</th><th>行驶里程/km</th><th>单次转移用时/min</th></tr>
<tr><td>1</td><td>雷溪村</td><td>华林</td><td>1</td><td>66</td><td>青坭岗小学</td><td>24278</td><td>2.4</td><td>4</td></tr>
<tr><td rowspan="2">2</td><td rowspan="3">重文村</td><td rowspan="2">重文</td><td>1</td><td>199</td><td rowspan="2">南山村空地</td><td rowspan="2">5580</td><td rowspan="2">3.8</td><td rowspan="2">6</td></tr>
<tr><td>2</td><td>200</td></tr>
<tr><td>3</td><td>蒋元乐家</td><td>2</td><td>577</td><td rowspan="3">宋家小学</td><td rowspan="3">5955</td><td>8.8</td><td>13</td></tr>
<tr><td rowspan="2">4</td><td rowspan="2">富港村</td><td rowspan="2">富港</td><td>2</td><td>458</td><td rowspan="2">1.2</td><td rowspan="2">2</td></tr>
<tr><td>3</td><td>459</td></tr>
</table>

由表 6.7 可知，10 年一遇溃堤避险确定转移路线共 4 条，转移批次 3 批，第一批转移对象包括华林村受灾群众达 66 人以及重文村 199 人，以就近原则确定转移地点为青坭岗小学和南山村空地。第二批转移转对象包括重文村受灾群众 200 人、蒋元乐家村 577 人以及富港村 458 人，转移地点分别为南山村空

表 6.8　　　　20 年一遇溃堤转移路线信息表

<table>
<tr><td rowspan="2">序号</td><td colspan="2">转移单元</td><td colspan="6">转移人口—安置区—路线历程信息</td></tr>
<tr><td>行政村</td><td>自然村</td><td>转移批次</td><td>转移安置人口/人</td><td>安置区</td><td>安置面积/m^2</td><td>行驶里程/km</td><td>单次转移用时/min</td></tr>
<tr><td>1</td><td>雷溪村</td><td>华林</td><td>1</td><td>66</td><td>青坭岗小学</td><td>24278</td><td>2.4</td><td>4</td></tr>
<tr><td>2</td><td rowspan="2">重文村</td><td>重文</td><td>1</td><td>399</td><td>南山村空地</td><td>5580</td><td>3.8</td><td>6</td></tr>
<tr><td>3</td><td>蒋元乐家</td><td>2</td><td>577</td><td rowspan="3">宋家小学</td><td rowspan="3">5955</td><td>8.8</td><td>13</td></tr>
<tr><td rowspan="2">4</td><td rowspan="2">富港村</td><td rowspan="2">富港</td><td>2</td><td>458</td><td rowspan="2">1.2</td><td rowspan="2">2</td></tr>
<tr><td>3</td><td>459</td></tr>
</table>

地及宋家小学。第三批转移对象为富港村 459 人，转移地点为宋家小学。4 条转移路线分别需行驶 2.4km、3.8km、8.8km 以及 1.2km，耗时分别为 4min、6min、13min、2min。由此可见本次转移时间相对较短，均小于最小洪水前锋到达时间 2h，因此可认为是较为有效的转移路线。

由表 6.8 可知，20 年一遇溃堤避险确定转移路线共 4 条，转移批次 3 批，第一批转移对象包括华林村受灾群众达 66 人以及重文村 399 人，以就近原则确定转移地点为青坭岗小学和南山村空地。第二批转移转对象包括蒋元乐家村 577 人以及富港村 458 人，转移地点为宋家小学。第三批转移对象为富港村 459 人，转移地点为宋家小学。4 条转移路线分别需行驶 2.4km、3.8km、8.8km 以及 1.2km，耗时分别为 4min、6min、13min、2min。由此可见本次转移时间相对较短，均小于最小洪水前锋到达时间 2 小时，因此可认为是较为有效的转移路线。

图 6.12 和图 6.13 为 10 年一遇、20 年一遇所确定的避险路线转移图，其中共包括 4 条避险转移路线，玫红色表示富港到宋家小学的最优路径，蓝色表示由蒋元乐家到宋家小学的最优路径，紫色表示由重文到南山空地的最优路径，黄色表示由华林到青坭岗小学的最优路径。其中 10 年一遇 3 次分别转移人口 265 人、1235 人及 459 人，20 年一遇三次分别转移人口 465 人、1035 人及 459 人，相比 10 年一遇有来自重文村的 200 人需要提前转移。

6.2.3　研究小结

本节基于罗塘河溃堤风险区划研究，收集研究区人口、住房、道路等资料，利用 GIS 网络分析功能创建研究区避险转移网络数据集，制定溃堤转移路线方案，得到以下结论：

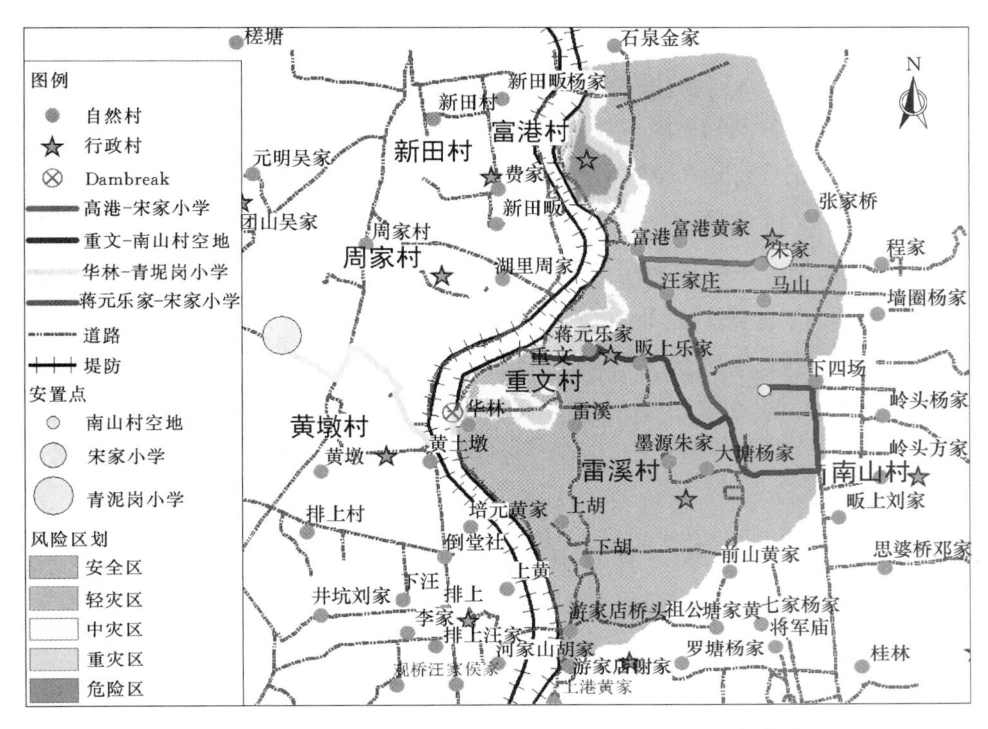

图 6.12　10 年一遇罗塘河溃堤避险路线转移图（后附彩图）

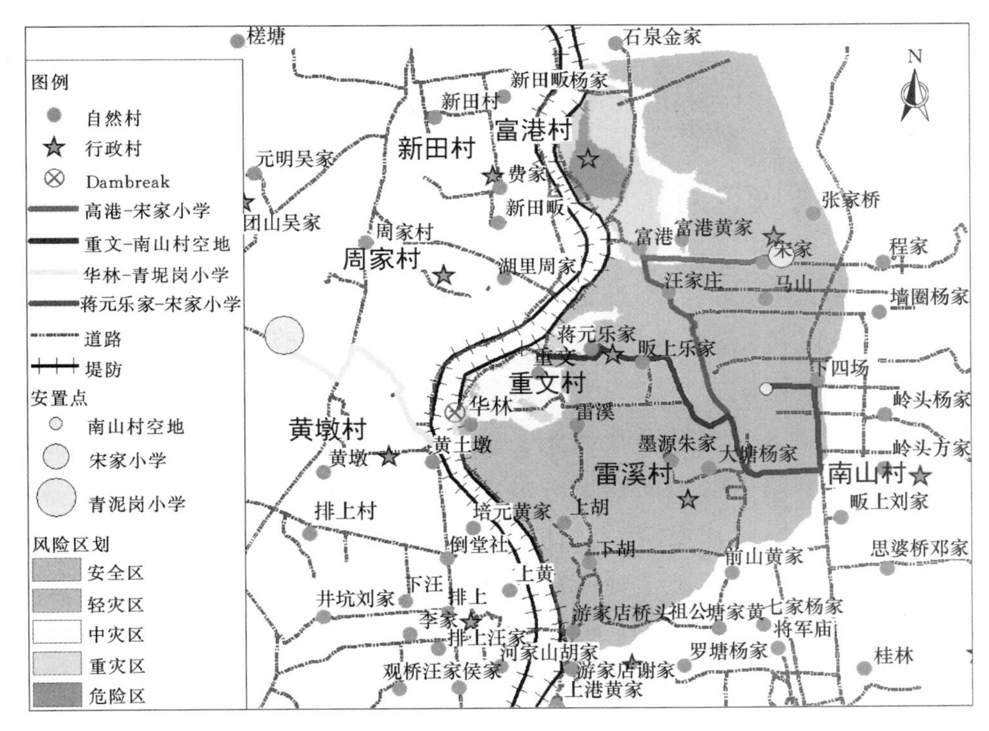

图 6.13　20 年一遇罗塘河溃堤避险路线转移图（后附彩图）

（1）罗塘河溃堤10年一遇淹没面积为$1.44km^2$、20年一遇淹没面积为$1.94km^2$，其中危险区淹没面积分别为$0.19km^2$、$0.221km^2$，危险区面积小于$1000km^2$，主要分布在地势低洼的富港地区，分别占研究区总面积的2.18％、2.54％，同时以行政村作为避险区域内的避险单元。

（2）区域避险转移方式分为就地安置和转移安置两类，其中淹没水深＜1.0m、流速＜0.5m/s采取就地安置，就地安置人口1604人，转移安置人口1959人。根据洪水前锋到达时间将避险单元内转移人口分为三批次，其中10年一遇三批转移人数分别为265人、1235人及459人，20年一遇三批转移人数分别为465人、1035人及459人，涉及行政村包括雷溪村、重文村以及富港村。

（3）对研究区内可供安置的建筑物及露天场所进行划分，得到3个安置区为宋家小学、南山村空地、青堀岗小学，面积分别为$5955m^2$、$5580m^2$和$24278m^2$，可安置人数分别为1786人、697人及565人。安置区可容纳人口满足避险转移人口总数。

（4）通过道路网络分析得到4条可供转移的路线，第一条将华林村需要转移人口转移至青堀岗小学，第二条将重文村需要转移人口转移至南山村空地，第三条将蒋元乐家需要转移人口转移至宋家小学，第四条将富港村需要转移人口转移至宋家小学。其转移行驶里程分别为2.4km、3.8km、8.8km和1.2km，单次转移用时4min、6min、13min及2min。

6.3 堤防溃决应急对策

堤防在汛期长期受到洪水冲击及浸泡的作用下，一旦遭遇超过其抗洪能力的洪水或无法及时抗洪救险时，将会面临堤防决口的风险。而堤防决口不但会对交通造成巨大的影响，更会为受灾地区带来巨大的人财损失。因此，充分利用现代社会高新技术、新材料及新工艺，实现对决口的快速复堵以及灾区人员的高效撤离，对于减少受灾面积、降低洪灾损失具有非常重要的作用。如前所述，罗塘河下游两岸已建堤防，然而由于堤防工程存在的河道淤积、堤基渗漏以及岸坡稳定等问题，在发生标准洪水或超标准洪水时，极有可引起堤防漫溢甚至溃决，继而引发洪水灾害，造成重大的洪灾损失。因此，本节在前述研究的基础上，以现有的溃决抢险技术[118-120]，对罗塘河堤防溃决应急对策进行了初步探讨。

6.3.1 堤防溃口抢险技术概述

6.3.1.1 堤防溃口复堵技术

（1）堤防堵口料体及其应用。目前常用的堵口材料分为就地取材类、预制块体类、框架组合类和浮体沉箱类四种。总体来说，各种堵口材料均有自身优缺点。溃堤堵口时，一般可先用沉船技术或漂控箱型结构物爆破的方法进行初始堵，减小决口处流速。同时在制定堵口方案时，要注意现场施工条件的限制，选择可行的料体进行堵口施工。

（2）封堵决口的施工组织。

1）堵口时机的选择。在溃口口门已经扩开的情况下，为了控制灾情的发展，同时也要考虑减少封堵施工的困难，要根据各种因素，精心选择封堵时机。

2）堵口组织设计。包括水文观测和口门勘查、堵口堤基线确定、门堵口辅助工程的选择以及抢险施工准备等工作。

（3）决口抢险实施方案与技术。堤防溃口险情的发生，具有明显的突发性质，各地在抢险的组织准备、材料准备等方面都不可能很充分。因此，要针对这些紧急情况，采用适宜的堵口抢险应急措施。为了实现汛期溃口的封堵，现代迅速堵口方案通常按抢修裹头、沉船截流、堵口护底、进占堵口、防渗闭气五步进行施工[118]。

6.3.1.2 洪水风险图应用

洪水风险图是通过历时资料调查、水文分析、洪水演进计算等将淹没水深、淹没范围、淹没历时、淹没流速等洪水要素和不同频率洪水可能造成的灾害风险以及道路、地点、抢险物资、水库等综合呈现的专用地图，是作为洪水风险损失评价的常用工具。通常可根据洪水风险图制定出不同量级洪水的防御避险方案，以此作为洪水预报及避险指挥的依据。因此，在溃堤应急预案的制定中可结合洪水风险图的成果，指导溃口应急的各种措施[119]。

6.3.2 堤防溃口应急对策制定

根据罗塘河中下游的堤型和洪水风险图，建议按工程措施和非工程措施制定堤防溃口应急对策。工程措施包括：溃堤前，做好各项应急工作；溃堤发生初期，对决口口门两端的堤头采取裹护措施，以防止水流冲刷扩大口门；当口门较窄，有条件进行堵口时，可用大体积料物抓紧时间抢堵。非工程措施包括：溃堤前，对溃堤进行模拟从而进行溃堤预警；在溃堤发生后紧急撤离居民；灾情结束后，对溃堤灾情损失进行评估，组织灾后重建。综合来说，可将堤防溃口应急对策概括为“裹、减、堵、撤、排、围、建”[118]。

6.3.3 典型溃口应急对策研究

本节是在罗塘河溃堤风险分析的基础上的进一步研究，选取典型的溃口断面，综合考虑洪水模拟结果、避洪转移路线及河道区域的行洪条件来制定典型溃口的紧急应对政策。

6.3.3.1 典型溃口淹没情景分析

选取罗塘河22号典型溃口断面开展应急对策的方案研究，该断面位于贵溪市雷溪镇华林，其上游河道狭窄且河势复杂，主河道水流流速较大，岸边堤防受水流侵蚀较严重。从防洪风险的角度出发，当遭遇10年一遇、20年一遇洪水时，22号断面处的潜在失事风险较大。

1. 溃堤洪水风险分析

通常情况下对溃堤洪水风险的研究是基于水力学法来进行洪水演进的数值模拟，经过模拟计算可得到区域洪水发生时的流速大小、流向、淹没水深等水力要素，以此模拟结果作为判断洪灾发生可能性及危害程度的依据。本文利用MIKE软件将一维水面线及溃堤计算与二维地形进行耦合来模拟22号典型溃口溃决时的洪水演进状况，其主要考虑的因素包括以下一些因素：

(1) 溃堤发生的时刻。由于溃堤时洪水的流速及流量大，且岸堤已经受到了一段时间的洪水侵蚀，因此本次选取洪峰期间作为溃堤发生的时刻。

(2) 溃口的尺寸。考虑模型的准确性，溃口尺寸原则上应按照实际发生溃决时的尺寸来模拟，但因岸堤发生时速度较快且测量困难，因此本次根据岸堤的筑成材料依据不同岸堤的溃堤数据，通过经验进行溃口尺寸的设置。

(3) 溃口发展过程。综合考虑以上因素，基于经验对溃口发展变化的时间序列进行定义，模拟不同频率下的洪水演进过程，将模拟结果通过ArcGIS软件进行可视化表达，可得到直观的溃堤洪水演进过程图，并以此为基础绘制洪水风险图。

综合以上因素，通过MIKE软件对溃口溃堤过程进行模拟后得到洪泛区淹没信息，具体计算结果见第4章相关内容。从洪水演进结果中提取淹没水深、淹没时长、淹没面积等洪水风险要素，由不同财产所对应的不同淹没水深，来确定洪灾损失率的等级划分；再根据典型地区的经济状况，计算其淹没损失价值，并确定单位损失指标；最后根据洪水灾害损失模型，对研究区域洪水灾害程度进行评估，计算区域财产损失总值，具体结果见第5章相关内容。

2. 淹没情景分析

根据第4章结果，图5.11所示为22号断面10年一遇的溃堤最大淹没范围图，由图可知洪水演进受区内 325 县道以及罗塘河堤防的阻水影响，为减小区域的洪灾淹没范围、降低洪灾淹没损失，可在抗洪条件允许的情况下，以加高堤防及道路等措施来提高洪泛区的阻水能力，以期达到拦洪减灾的目的。根据第 5 章研究区洪水风险分析及淹没损失评估结果可知，22 号断面一旦发生溃决，将会对洪泛区人财造成较大损失。因此，以 22 号险工为例，在对洪泛区地物特征及洪水要素具有充分了解的前提下，开展相应的溃口应急应对政策方案制定。

6.3.3.2 应急对策制定

综合分析 22 号断面溃堤洪水淹没结果，并结合前文所提罗塘河中下游堤防溃口应急对策，制定如下紧急应对方案：

（1）“裹”：22 号断面出现溃堤决口后，应根据溃口发展形式预测其发展趋势并展开口门的勘测工作。为防止水流对口门的冲刷，使得口门扩大，可采取对口门两端堤头进行裹头措施，在此过程中要依据实际状况准备好充足的抢护物料，当口门发展迅速且交通难以维持施工时，可以采取推迟裹护的方案。

（2）“减”：减洪是为了减小溃口处的洪水流量，以防对溃口造成持续性破坏，对罗塘河溃口处及其上下游进行实地勘测，了解河道地形及河道已建水工建筑物情况；同时可利用沿河引水渠、水泵等水利工程对上游洪水进行分洪，以达到错峰减量的作用。当 22 号断面出现溃堤情况后，应迅速利用当地洪水预报系统，开展防洪调度工作。

（3）“堵”：根据洪水水量，一般选择在洪量削减的时候进行堵口，若洪量较大，造成决口较多，通常先下后上、先小后大，减小下游口门被扩宽及小口门流量增大的危险。可根据实际需要选择立堵、平堵及混合堵等方法，尽量在最短的时间内做到决口复堵[120]。

（4）“撤”：当遭遇 10 年一遇、20 年一遇洪水时，应根据 22 号断面的洪水风险图进行避险路线制定和撤离的工作。由罗塘河洪水风险区划图（图 5.10 和图 5.11）可知，在没有执行撤离方案之前，洪水受灾的村庄主要包括雷溪镇重文村、雷溪村、富港村等。对于受灾乡村要迅速成立救灾小组，并在相关人员的指挥下，根据 22 号断面溃堤避险转移路线图（图 6.11 和图 6.12）制定紧急避险方案，配合防汛指挥部有序撤离。

（5）“排”“围”结合：由 22 号断面 10 年一遇、20 年一遇洪水淹没风险图可知，当遭遇洪水时高程较高，能起到阻水作用的主要有 325 县道以及罗塘河堤防，因此可利用道路的地形条件，在此基础上进行加固加高来防止洪水的大规模扩散。同时，在洪水淹没到张桥水附近时，一方面要根据张桥水的来水条件，判断对张桥水大堤的影响，也可利用张桥水的自身排泄能力，将淹没区的水排入张桥水，从而降低洪泛区淹没损失。

（6）“建”：灾后重建是恢复受灾群众及受灾区域正常生活状态的必要工程手段，当22号断面发生决口溃堤后，应按照洪水灾害规划的撤离路线，高效组织受灾居民完成撤离，同时应当根据受灾情况派遣相关人员及物资进行援助，做好物质及精神上的安抚。同时要派遣技术人员对洪灾进行记录，并计算受灾范围、人员伤亡及财产损失情况，以为灾后重建提供参考依据。

6.4 小结

本章针对水文资料缺乏的中小河流，通过小流域水文计算和 MIKE 水动力模型对罗塘河洪水预警指标进行研究，提出临界水位预警指标的确定方法及应急对策。

（1）以罗塘河为例，通过中小流域水文计算和 MIKE 11 水动力模型，结合危险区群众转移到避灾地点所需时间综合确定了罗塘河洪水预警水位。

（2）根据计算的临界水位，采用水位/流量反推法确定了罗塘河溃堤预警雨量，并划分了预警等级，根据预警等级，提出相应预警策略。

（3）以溃堤洪水风险模拟结果为基础，利用 GIS 软件构建研究区域内道路网络分析模型，确定了对淹没危险区避洪转移路线，绘制了避洪转移图。

（4）在罗塘河中下游已有的防洪体系与洪水风险模拟结果的基础上，提出了罗塘河中下游堤防溃口应急总体对策，以典型险工溃口为例，进行了点线结合型的洪灾避险分析。

7 总结与展望

7.1 总结

本书在总结国内外关于洪水灾害风险分析和评价研究理论的基础上，利用洪水数值模拟与GIS软件结合的方式，从洪水危险性和承灾体易损性两方面对中小河流进行了系统的分析研究，建立了洪水风险评价指标体系及风险评估模型；通过中小流域水文计算和水动力模型对洪水预警指标进行了研究，提出临界水位预警指标的确定方法。同时以罗塘河下游河段为研究对象进行了实例分析。本书的主要研究内容和成果总结如下：

（1）基于MapObjects与VB.net开发了江西省中小流域设计洪水计算软件，采用该软件可以快速便捷地推求缺乏实测水文资料断面的设计洪水。以罗塘河为例，求得研究断面设计洪水过程，$p=10\%$的洪峰流量为$1272m^3/s$，$p=5\%$的洪峰流量为$1580m^3/s$，并对其合理性进行了分析，结果表明可以适用于江西省中小流域的设计洪水计算。

（2）以河网、地形和不同频率设计洪水资料等数据为基础，构建了溃堤洪水一维、二维水动力学模型及其耦合模型，对罗塘河河道堤防溃决洪水泛滥进行了数值模拟，得到了不同工况下的溃口流量过程、淹没区的淹没水深、淹没流速和淹没历时等洪水危险性指标。罗塘河上游来水越大，淹没范围和淹没水深越大，两种工况的最大淹没范围分别为$1.93km^2$和$1.44km^2$，最大淹没水深分别为2.34m和1.34m。从溃堤洪水演进过程可以看出，在两种设计工况情况下，溃堤洪水从溃口演进到重文、蒋元乐家和富港分别需要0.25h、0.5h、1h和0.4h、0.6h、2h。从溃堤洪水淹没水深过程可以看出，在两种设计工况情况下，由于富港地处低洼地带，溃堤后大部分区域被淹没，淹没水深高达1.3～2.3m，洪水危险性较大，此区域应是今后罗塘河溃堤防洪避险转移的重点区域。

（3）通过对洪灾损失分类和洪灾损失率的分析，建立了洪灾损失评估模型，并对淹没区遭受不同频率溃堤洪水的生命和经济损失情况进行了估算。

（4）通过对洪水灾害评价危险性指标（包括最大淹没水深、最大淹没流速以及淹没历时）和承灾体易损性指标（包括人口密度、居住户数密度、耕地密度和交通线密度）的分析，构建了洪水灾害评价指标体系，根据风险的概念和洪水风险计算公式，建立了洪水风险评估模型。并利用洪水风险评估模型对研究区进行了风险评估，将研究区洪水风险划分为5个等级，即安全区、轻灾区、中灾区、重灾区及危险区。洪水风险程度最高的危险区主要分布在地势低洼的富港地区，由于该地淹没历时较长，淹没水深和流速都较大，造成其洪水危险性比较大，这是其洪灾风险高的主导因素。重灾区、中灾区均主要分布在重文和蒋元乐家，这些区域的洪水危险性相对不高，但是由于农田密布，使其洪灾风险程度处于中等水平。洪灾风险程度最低的轻灾区主要分布在有洪水到达的重文境内及富港部分区域。安全区为研究区域内洪水没有到达并且地物覆盖价值较低的地区，包括游家店、下胡、大塘杨家和马山等处。

（5）对水文资料缺乏的中小河流，通过中小流域水文计算和MIKE 11水动力模型，结合危险区群众转移到避灾地点所需时间综合确定了罗塘河洪水预警水位。根据罗塘河的暴雨特性、地形地质条件等，选择水位、雨量作为本地区可能发生溃堤的预警指标。通过MIKE11水力计算模型计算河道涨水时间，结合危险区群众转移到避灾地点所需时间，确定罗塘河溃堤警戒水位（准备转移）和危险水位（立即转移）；根据计算的临界水位，采用水位/流量反推法确定了罗塘河溃堤预警雨量，并划分了预警等级，根据预警等级，提出相应预警策略。

（6）以溃堤洪水风险模拟结果为基础，利用GIS软件构建研究区域内道路网络分析模型，确定了对淹没危险区避洪转移路线，绘制了避洪转移图，并提出了罗塘河中下游堤防溃口应急总体对策，以典型险工溃口为例，进行了点线结合型的洪灾避险分析。

7.2 展望

洪水数值模拟和洪水风险分析研究是一项涉及内容广泛且复杂的研究课题，本书以罗塘河下游为研究对象，虽然在中小河流洪水风险分析研究上做了一些有益的探索，对缺乏水文资料的中小河流设计洪水计算、一维河道洪水演进和二维洪水泛滥模拟计算及洪水风险评价等方面进行了分析研究，但由于作者研究水平及研究条件的限制，在以下几个方面依然存在着不足，有待进一步开展研究工作：

（1）本书仅针对历史溃堤位置进行了溃堤洪水风险分析，研究的工况也较为单一，今后应根据不同频率设计洪水、溃堤位置、溃口形态进行多种方案的比较研究，以利于罗塘河下游溃堤洪水进行综合风险评价。同时，由于本书未充分考虑堤防保护区道路和建筑物等的阻水作用，只作了地形插值处理，在今后研究中还需深入地精确细化模型，充分还原溃堤洪水影响。

（2）本书仅对溃堤后的洪水进行了风险分析，并未涉及堤防工程本身失事的风险分析，今后应继续搜集堤防资料，对溃堤的危险性进行深入分析，在此基础上完成溃堤洪水风险分析。

（3）绘制的洪水风险图是以设计洪水为据，而洪水及其风险具有不确定性，应根据上游洪水预报结果，实现洪水风险的动态实时分析，其应用前景将更加广泛。

参考文献

［1］ AJIN R S, KRISHNAMURTHY R R, JAYAPRAKASH M, et al. Flood hazard assessment of Vamanapuram River Basin, Kerala, India: An approach using Remote Sensing & GIS techniques [J]. Advances in Applied Science Research, 2013, 4 (3): 263 - 274.

［2］ JONKMAN S N, HIEL L A, BEA R G, et al. Integrated Risk Assessment for the Natomas Basin (California) Analysis of Loss of Life and Emergency Management for Floods [J]. Natural Hazards Review, 2012, 13 (4): 297 - 309.

［3］ 国家防汛抗旱总指挥部，中华人民共和国水利部. 中国水旱灾害公报（2014）［M］. 北京：中国水利水电出版社，2015.

［4］ 刘志雨，杨大文，胡健伟. 基于动态临界雨量的中小河流山洪预警方法及其应用［J］. 北京师范大学学报（自然科学版），2010（3）：317 - 321.

［5］ 金玲. 中小河流洪水风险分析中的数值模拟研究［D］. 大连：大连理工大学，2014.

［6］ SAARINEN T F, HEWITT K, BURTON I. The Hazards of a Place: A Regional Ecology of Damaging Events [J]. Geographical Review, 1973, 63 (1): 134.

［7］ Puget Sound Council Governments. Regional Disaster Mitigation Plan for the Central Puget Sound Region [M]. Washington: Puget Sound Council Governments, 1975.

［8］ 谭徐明. 美国防洪减灾总报告及研究规划［M］. 北京：中国科学技术出版社，1997.

［9］ 柳崇健，刘英. 美国 FEMA“国家洪水保险计划”与减灾对策［C］//中国气象学会 2004 年年会，2004.

［10］ 王义成. 日本综合防洪减灾对策及洪水风险图制作［J］. 中国水利，2005（17）：32 - 35.

［11］ CARRARA A, GUZZETTI F. Geographical Information Systems in Assessing Natural Hazards [J]. Advances in Natural & Technological Hazards, 1995, 4 (4): 45 - 59.

［12］ TAWATCHAI T, FAZLUL K M. Flood hazard and risk analysis in the southwest region of Bangladesh [J]. 2005, 19 (10): 2055 - 2069.

［13］ SINHA R, BAPALU G V, SINGH L K, et al. Flood risk analysis in the Kosi river basin, north Bihar using multi - parametric approach of Analytical Hierarchy Process (AHP) [J]. Journal of the Indian Society of Remote Sensing, 2008, 36 (4): 335 - 349.

［14］ MANI P, CHATTERJEE C, KUMAR R. Flood hazard assessment with multiparameter approach derived from coupled 1D and 2D hydrodynamic flow model [J].

Natural Hazards, 2014, 70 (2): 1553 - 1574.

[15] CHEN S, LUO Z, PAN X. Natural disasters in China: 1900—2011 [J]. Natural Hazards - Journal of the International Society for the Prevention and Mitigation of Natural Hazards, 2013, 69 (3): 1597 - 1605.

[16] JONKMAN S N, BOČKARJOVA M, KOK M, et al. Integrated hydrodynamic and economic modelling of flood damage in the Netherlands [J]. Ecological Economics, 2008, 66 (1): 77 - 90.

[17] BARREDO J I. Normalised flood losses in Europe: 1970 - 2006 [J]. Natural Hazards & Earth System Sciences & Discussions, 2009, 9 (1): 97 - 104.

[18] MERZ B, KREIBICH H, SCHWARZE R, et al. Review article "Assessment of economic flood damage" [J]. Natural Hazards & Earth System Sciences, 2010, 10 (8): 735 - 740.

[19] VANNEUVILLE W, MAEYER P D, MAEGHE K, et al. Model the effects of a flood in the Dender catchment, based on a risk methodology [J]. 2003, 37 (2): 59 - 64.

[20] 王劲峰. 中国自然灾害影响评价方法研究 [M]. 北京: 中国科学技术出版社, 1993.

[21] 赵士鹏. 中国山洪灾害系统的整体特征及其危险度区划的初步研究 [J]. 自然灾害学报, 1996 (3): 95 - 101.

[22] 周孝德, 陈惠君, 沈晋. 滞洪区二维洪水演进及洪灾风险分析 [J]. 西安理工大学学报, 1996 (3): 244 - 250+243.

[23] 魏一鸣, 杨存键, 金菊良. 洪水灾害分析与评估的综合集成方法 [J]. 水科学进展, 1999, 10 (1): 25 - 30.

[24] 周成虎, 万庆, 黄诗峰, 等. 基于 GIS 的洪水灾害风险区划研究 [J]. 地理学报, 2000 (1): 15 - 24.

[25] 冯平, 崔广涛, 钟昀. 城市洪涝灾害直接经济损失的评估与预测 [J]. 水利学报, 2001 (8): 64 - 68.

[26] 周魁一, 谭徐明, 苏志诚, 等. 洪水风险区划与评价指标体系的研究 [C]//中国科协 2002 年减轻自然灾害研讨会, 中国科学技术协会、中国水利学会, 2002.

[27] 姜付仁, 向立云. 洪水风险区划方法与典型流域洪水风险区划实例 [J]. 水利发展研究, 2002 (7): 27 - 30.

[28] 李娜. 基于 GIS 的洪灾风险管理系统 [D]. 北京: 中国水利水电科学研究院, 2002.

[29] 万群志. 洪水风险分析理论与方法研究 [D]. 南京: 河海大学, 2003.

[30] 谭徐明, 张伟兵, 马建明, 等. 全国区域洪水风险评价与区划图绘制研究 [J]. 中国水利水电科学研究院学报, 2004 (1): 54 - 64.

[31] 兰宏波. 洪泛区洪灾损失评估研究 [D]. 武汉: 华中科技大学, 2004.

[32] 张行南, 安如, 张文婷. 上海市洪涝淹没风险图研究 [J]. 河海大学学报 (自然科学版), 2005 (3): 251 - 254.

[33] 唐川，朱静. 基于GIS的山洪灾害风险区划 [J]. 地理学报，2005 (1)：87-94.

[34] 田国珍，刘新立，王平，等. 中国洪水灾害风险区划及其成因分析 [J]. 灾害学，2006 (2)：1-6.

[35] 闻珺. 洪水灾害风险分析与评价研究 [D]. 南京：河海大学，2007.

[36] 刘家福，李京，刘荆，等. 基于GIS/AHP集成的洪水灾害综合风险评价——以淮河流域为例 [J]. 自然灾害学报，2008 (6)：110-114.

[37] 刘国庆. 基于GIS和模糊数学的重庆市洪水灾害风险评价研究 [D]. 重庆：西南大学，2010.

[38] 李明辉，李友辉，易卫华，等. 江西省中小河流洪水风险评价研究 [J]. 人民长江，2011，42 (13)：31-34.

[39] 郭燕波. 堤防保护区洪灾风险区划与管理对策研究 [D]. 大连：大连理工大学，2012.

[40] 李琼. 洪水灾害风险分析与评价方法的研究及改进 [D]. 武汉：华中科技大学，2012.

[41] 张兴毅，王国梁. 基于GIS的江西省洪涝灾害风险区划 [J]. 山西师范大学学报（自然科学版），2014，28 (4)：68-72.

[42] 向立云. 洪水风险图编制若干技术问题探讨 [J]. 中国防汛抗旱，2015，25 (4)：1-7+13.

[43] WANG J，XU S，YE M，et al. The MIKE model application to overtopping risk assessment of seawalls and levees in Shanghai [J]. International Journal of Disaster Risk Science，2012，2 (4)：32-42.

[44] 田景环，张科磊，陈猛，等. HEC-RAS模型在洪水风险分析评估中的应用研究 [J]. 水电能源科学，2012，30 (4)：23-25.

[45] 段扬，廖卫红，杨倩，等. 基于EFDC模型的蓄滞洪区洪水演进数值模拟 [J]. 南水北调与水利科技，2014，12 (5)：160-165.

[46] GEORGE D A，GELFENBAUM G，STEVENS A W. Modeling the Hydrodynamic and Morphologic Response of an Estuary Restoration [J]. Estuaries & Coasts，2012，35 (6)：1510-1529.

[47] Carpenter T M，Sperfslage J A，Georgakakos K P，et al. National threshold runoff estimation utilizing GIS in support of operational flash flood warning systems [J]. Journal of Hydrology，1999，224 (1-2)：21-44.

[48] Clark R A，Gourley J J，Flamig Z L，et al. CONUS-Wide Evaluation of National Weather Service Flash Flood Guidance Products [J]. Weather and Forecasting，2014，29 (2)：377-392.

[49] 王丹. 河南省典型小流域山洪灾害动态预警模型及应用 [D]. 郑州：郑州大学，2019.

[50] Peng D，Zhijia L，Zhiyu L. Numerical algorithm of distributed TOPKAPI model and its application [J]. Water Science and Engineering，2008，1 (4)：14-21.

[51] 廖富权. HEC-HMS模型构建及其在恭城河流域洪水预报中的应用[D]. 南宁：广西大学，2014.
[52] 叶勇，王振宇，范波芹. 浙江省小流域山洪灾害临界雨量确定方法分析[J]. 水文，2008，28（1）：56-58.
[53] 许五弟，杨勤科，梁剑辉. 淤地坝溃坝预报预警地理信息模型初探[J]. 中国水土保持，2010（1）：42-43+54.
[54] 刘志雨. 山洪预警预报技术研究与应用[J]. 中国防汛抗旱，2012，22（2）：41-45.
[55] 李铁键，李家叶，史海匀，等. 基于智能手机互动的资料缺乏山区洪水预警系统[J]. 四川大学学报（工程科学版），2013，45（1）：23-27.
[56] 叶金印，李致家，常露. 基于动态临界雨量的山洪预警方法研究与应用[J]. 气象，2014，40（1）：101-107.
[57] 罗堂松，施征，邱志章. 山洪灾害预警指标分析计算——以浙江省诸暨市大唐镇为例[J]. 中国防汛抗旱，2014（s1）：76-78.
[58] 师哲. 长江科学院"山洪灾害在线监测识别预警方法及其预警系统"获国家发明专利[J]. 长江科学院院报，2019，36（5）：163.
[59] 鹰潭市水利电力勘测设计院. 贵溪市县城（罗塘河出口段）防洪工程初步设计报告[R]. 鹰潭：鹰潭市水利电力勘测设计院，2011.
[60] 江西省水文局. 江西省暴雨洪水查算手册[R]. 南昌：江西省水文局，2010.
[61] 黄锋华. GIS技术在小流域地区暴雨推求设计洪水的应用[J]. 广东水利水电，2010（10）：40-42+46.
[62] 郭成建. 小流域设计洪水计算应用程序[D]. 南昌：南昌工程学院，2015.
[63] 徐德龙，肖华. 小流域设计洪水推理公式计算方法探讨[J]. 人民长江，2000，31（7）：13-14.
[64] 陈海坤. 基于流量影响线法的江西省中小桥梁设计流量计算研究[D]. 长沙：中南大学，2012.
[65] 申红彬，徐宗学，李其军，等. 基于Nash瞬时单位线法的渗透坡面汇流模拟[J]. 水利学报，2016，47（5）：708-713.
[66] 刘卫林，梁艳红，彭友文. 基于MIKE Flood的中小河流溃堤洪水演进数值模拟[J]. 人民长江，2017，48（7）：6-10+15.
[67] 潘薪宇. 青龙河洪水演进数值模拟[D]. 哈尔滨：哈尔滨工程大学，2014.
[68] Danish Hydraulic Institute (DHI). MIKE 11：A Modeling System for Rivers and Channels Reference Manual [M]. Songbook Hal：DHI，2013.
[69] Danish Hydraulic Institute (DHI). MIKE 21 Flow Model：Hydrodynamic Module User Guide [M]. Songbook Hal：DHI，2013.
[70] Danish Hydraulic Institute (DHI). MIKE flood：1D-2D Modelling User Manual [M]. Songbook Hal：DHI，2013.
[71] 王晓磊. 蓄滞洪区洪水演进数值模拟与洪灾损失评估研究[D]. 保定：河北农业大

学，2013.
[72] 何文华. 城市化对济南市暴雨洪水的影响及其洪水模拟研究 [D]. 广州：华南理工大学，2010.
[73] 马全，雷新华，曹国良，等. 长湖溃堤对荆州市城市防洪的影响研究 [J]. 水利水电技术，2016，47 (8)：5-8：
[74] 衣秀勇，关春曼，果有娜，等. DHI MIKE FLOOD 洪水模拟技术应用与研究 [M]. 北京：中国水利水电出版社，2014.
[75] 刘志平，张素华，杜启胜，等. 基于 ArcGIS 的 DEM 生成方法及应用 [J]. 地理空间信息，2009，7 (5)：69-71.
[76] 李超超. 溃坝水流数值模拟与灰关联度分析 [D]. 济南：山东大学，2013.
[77] 郝树堂. 工程水文学 [M]. 北京：中国铁道出版社，2009.
[78] 张伟，覃庆炎，简兴祥. 自然邻点插值算法及其在二维不规则数据网格化中的应用 [J]. 物探化探计算技术，2011，33 (3)：291-295+228.
[79] 叶爱民，刘曙光，韩超，等. MIKE FLOOD 耦合模型在杭嘉湖流域嘉兴地区洪水风险图编制工作中的应用 [J]. 中国防汛抗旱，2016 (2)：56-60.
[80] ZHAO D H. Finite-Volume Two-Dimensional Unsteady-Flow Model for River Basins [J]. Journal of Hydraulic Engineering，1994，120 (7)：863-883.
[81] SLEIGH P A，GASKELL P H，BERZINS M，et al. An unstructured finite-volume algorithm for predicting flow in rivers and estuaries [J]. Computers & Fluids，1998，27 (4)：479-508.
[82] 刘绍青. 济南市城区洪水淹没模拟研究 [D]. 济南：山东大学，2009.
[83] 初祁，彭定志，徐宗学，等. 基于 MIKE11 和 MIKE21 的城市暴雨洪涝灾害风险分析 [J]. 北京师范大学学报（自然科学版），2014，50 (5)：446-451.
[84] 郭洪巍，吴葱葱. 面向 21 世纪我国防洪对策初探 [J]. 河南水利与南水北调，2000，29 (5)：4.
[85] 李友辉，邓沐平，易卫华，等. 江西省中小河流治理规划研究 [J]. 江西农业学报，2013，25 (5)：93-95+103.
[86] 艾小榆，刘霞，徐辉荣，等. 基于 MIKE FLOOD 模型的湛江蓄滞洪区调度运用方案研究 [J]. 水利水电技术，2017，48 (12)：125-131.
[87] 《第二次气候变化国家评估报告》编写委员会. 第二次气候变化国家评估报告 [R]. 北京：科学出版社，2011.
[88] 施露，董增川，付晓花，等. Mike Flood 在中小河流洪涝风险分析中的应用 [J]. 河海大学学报（自然科学版），2017，45 (4)：350-357.
[89] IPCC. Managing the risks of Extreme Events and Disasters to Advance Climate Change Adaptation：Special report of the IPCC [R]. New York：Cambridge University Press，2012.
[90] 刘志雨，夏军. 气候变化对中国洪涝灾害风险的影响 [J]. 自然杂志，2016，38 (3)：177-181.

[91] S Vorogushyn, KE Lindenschmidt, H Kreibich, et al. Analysis of a detention basin impact on dike failure probabilities and flood risk for a channel – dike – floodplain system along the river Elbe, Germany [J]. Journal of Hydrology, 2012 , 436 – 437 (3): 120 – 131.

[92] 刘家福，张柏. 暴雨洪灾风险评估研究进展 [J]. 地理科学，2016，35 (3): 345 – 351.

[93] 陈俊鸿，刘小龙，王岗，等. 基于一、二维耦合水动力模型的赣西联圩溃堤洪水风险分析 [J]. 中国农村水利水电，2017 (6): 43 – 47.

[94] 苑希民，田福昌，王丽娜. 漫溃堤洪水联算全二维水动力模型及应用 [J]. 水科学进展，2015，26 (1): 83 – 90.

[95] 张妞. 黄河宁夏段漫溃堤洪水耦合模型及风险评估 [J]. 水资源与水工程学报，2018，29 (2): 139 – 145.

[96] 刘树坤，宋玉山，程晓陶，等. 黄河滩区及分滞洪区风险分析和减灾对策 [M]. 郑州：黄河水利出版社，1999.

[97] 魏一鸣. 洪水灾害风险管理理论 [M]. 北京：科学出版社，2002.

[98] 王立辉. 溃坝水流数值模拟与溃坝风险分析研究 [D]. 南京：南京水利科学研究院，2006.

[99] DEKAY M L, MCCLELLAND G H. Predicting loss of life in case of dam failure and flash flood [J]. Insurance Mathematics & Economics, 1993, 13 (2): 193 – 205.

[100] SAATY T L. The Axiomatic Foundation of the Analytic Hierarchy Process [J]. Management Science, 1986, 32 (7): 841 – 855.

[101] 邓雪，李家铭，曾浩健，等. 层次分析法权重计算方法分析及其应用研究 [J]. 数学的实践与认识，2012，42 (7): 93 – 100.

[102] 丁文峰，杜俊，陈小平，等. 四川省山洪灾害风险评估与区划 [J]. 长江科学院，2015，32 (12): 41 – 45＋97.

[103] 黄大鹏，刘闯，彭顺风. 洪灾风险评价与区划研究进展 [J]. 地理科学进展，2007 (4): 11 – 22.

[104] 张行南，罗健. 中国洪水灾害危险程度区划 [J]. 水利学报，2000，(03): 1 – 7.

[105] 李林涛，徐宗学，庞博，等. 中国洪灾风险区划研究 [J]. 水利学报，2012，43 (1): 22 – 30.

[106] 王亚梅. 基于 GIS 的洞庭湖区洪水灾害风险评价 [D]. 长沙：湖南大学，2009.

[107] 杨佩国，戴尔阜，吴绍洪，等. 黄河下游大堤保护区内洪灾风险的空间格局 [J]. 科学通报，2006 (S2): 148 – 154.

[108] 刘卫林，梁艳红，刘丽娜，等. 基于 Mike 11 的中小河流溃堤洪水预警指标研究 [J]. 人民珠江，2017，38 (9): 25 – 28＋33.

[109] 李昌志，孙东亚. 山洪灾害预警指标确定方法 [J]. 中国水利，2012 (9): 62 – 64.

[110] 齐庆华，蔡榕硕. 全球变化下中国大陆东部气温和降水的极端特性与气候特征分析 [C] // 第 35 届中国气象学会年会，2018.

[111] 杨哲豪，吴钢锋，张科锋，等．基于非结构网格的二维溃坝洪水数值模型［J］．水动力学研究与进展（A辑），2019，34（4）：520-528.

[112] 江迎．基于云模型和GIS/RS的坝堤溃决风险分析及灾害损失评估研究［D］．武汉：华中科技大学，2012.

[113] 徐志远，王山东，征程，等．洪水灾害应急避难场所选址规划研究［J］．地理空间信息，2016，14（6）：25-27+6.

[114] 殷丹．基于GIS的避洪转移分析技术研究［J］．长江科学院院报，2016，33（8）：38-41.

[115] 李德龙，黄萍，许小华．基于ArcGIS的蒋巷联圩防洪保护区避洪转移分析研究［J］．中国农村水利水电，2019（4）：84-88.

[116] 陈祥．基于多源数据的庐山风景区山洪灾害风险评价及游客避险转移方案研究［D］．南昌：南昌工程学院，2019.

[117] 全国重点地区洪水风险图编制项目组．避洪转移图编制技术要求（试行）［R］．2014.

[118] 姜彪．基于洪水数值模拟的堤防安全评价与对策研究［D］．大连：大连理工大学，2010.

[119] 金保明．洪水风险图的制作及其应用［C］//福建省水利学会．福建省第十届水利水电青年学术交流会论文集．福建省水利学会：福建省水利学会，2006：212-215.

[120] 陆海．堤防决口堵复方法探讨［C］//中国水利学会、水利部淮河水利委员会．青年治淮论坛论文集．中国水利学会、水利部淮河水利委员会：中国水利学会，2005：70-74.

图 2.1 研究区域示意图

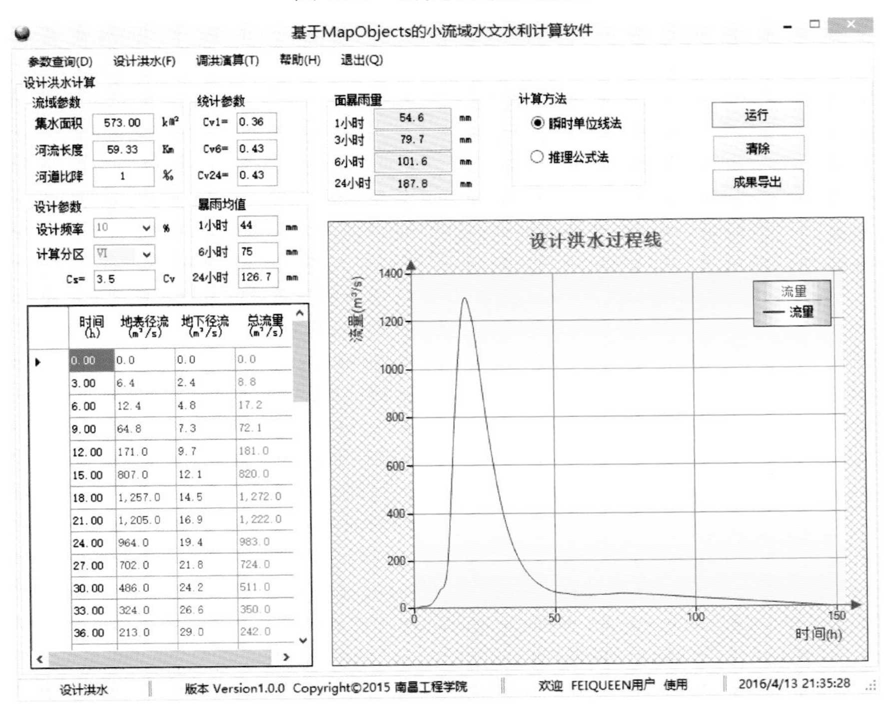

图 3.3 中小流域设计洪水计算模块界面图

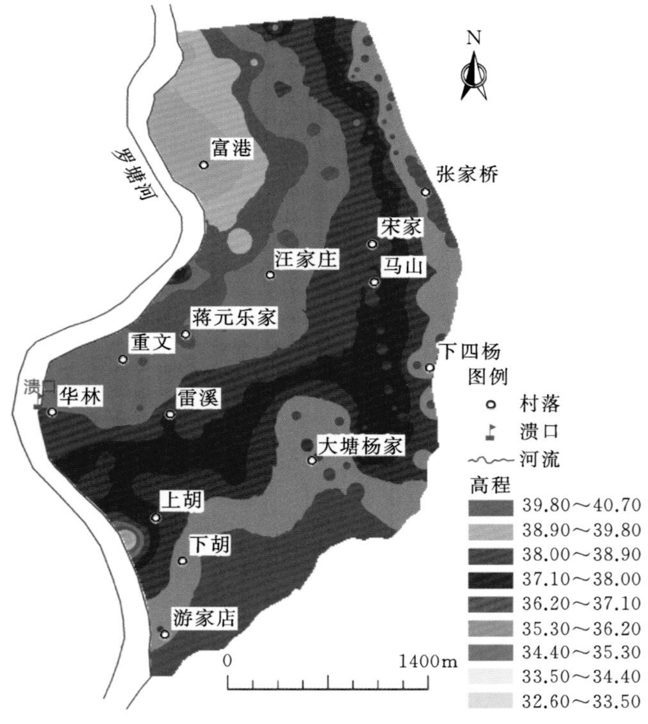

图 4.1　研究区域高程图

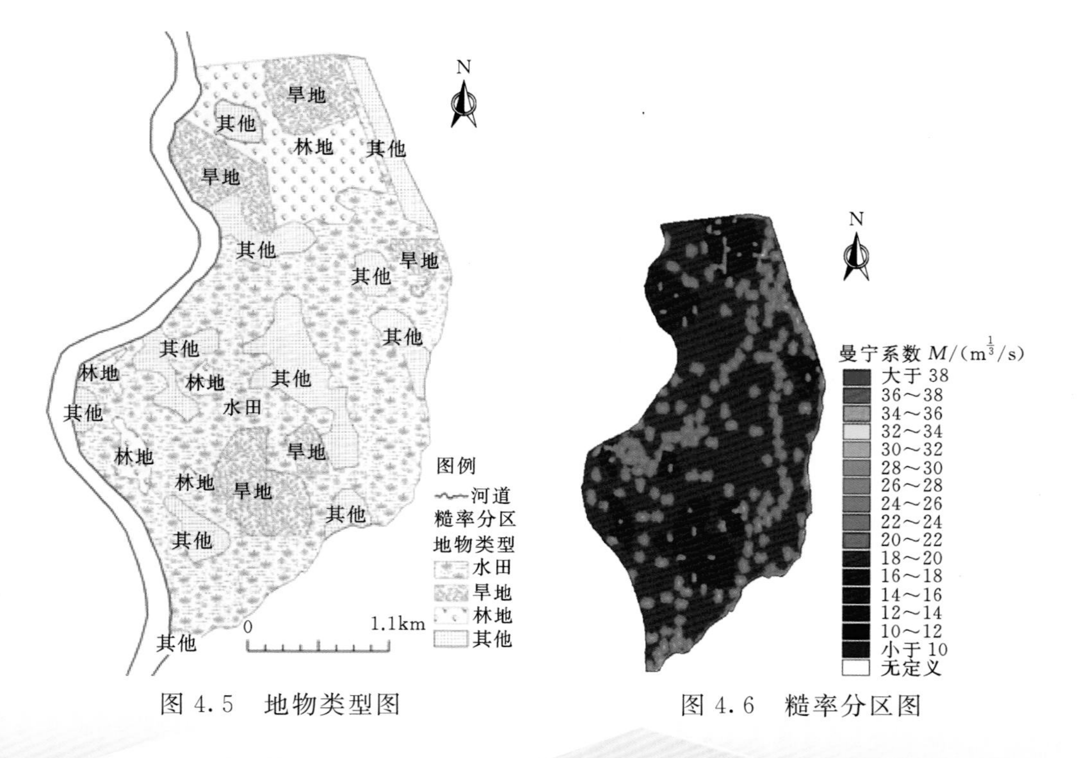

图 4.5　地物类型图

图 4.6　糙率分区图

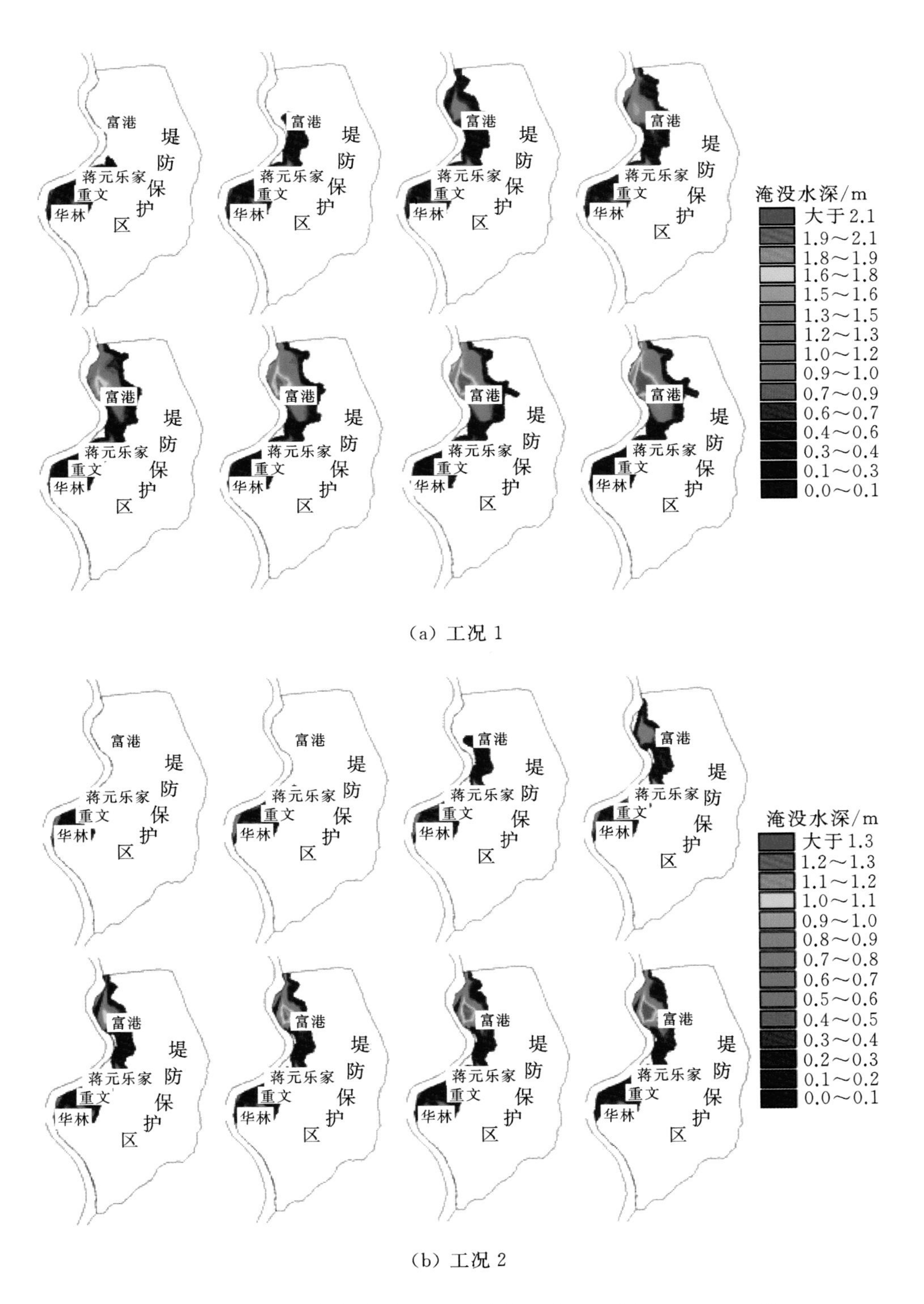

(a) 工况1

(b) 工况2

图4.10 溃堤洪水演进过程示意图（溃堤后0.5h、1h、2h、3h、4h、5h、6h、最终状态）

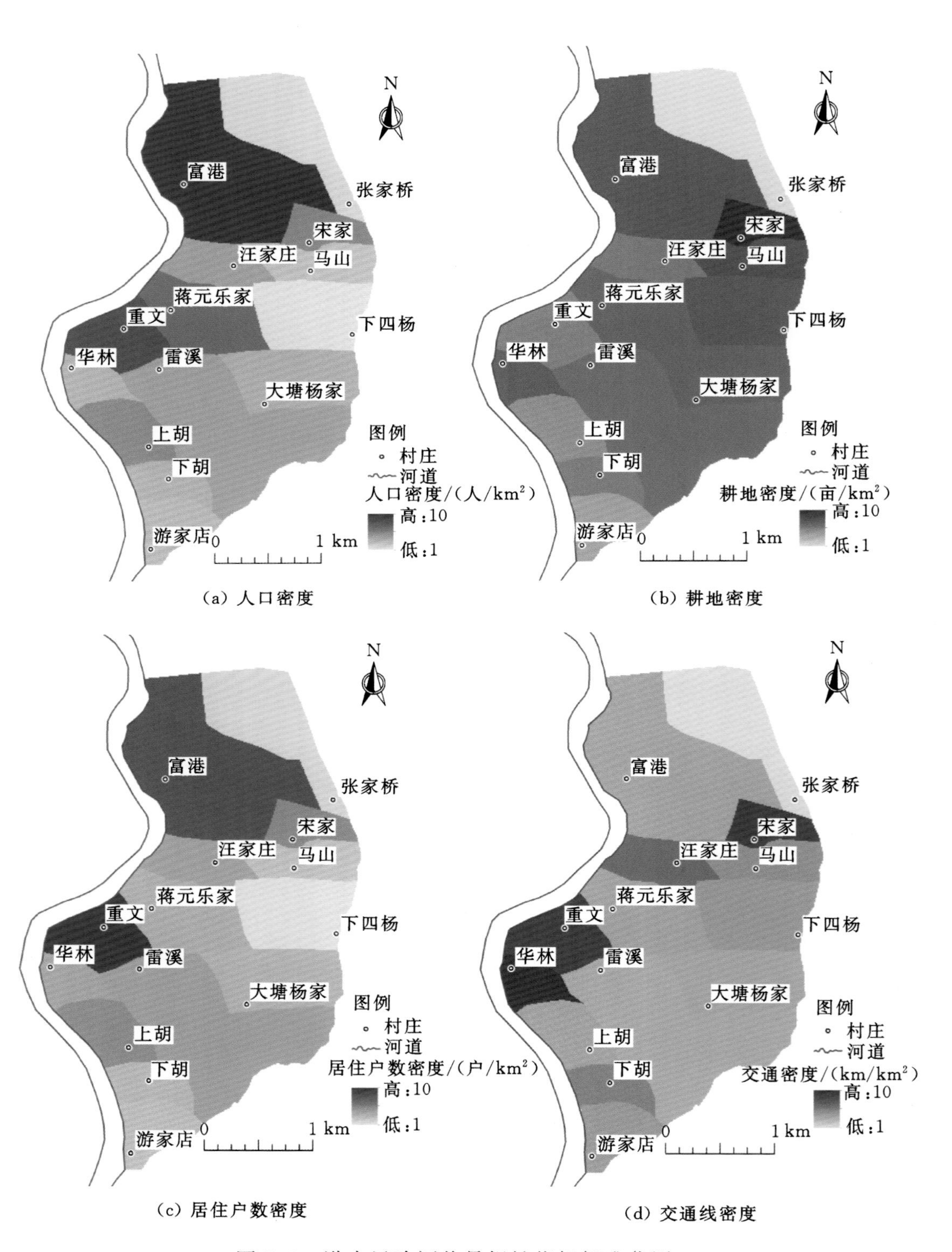

图 5.6 洪水风险评价易损性指标标准化图

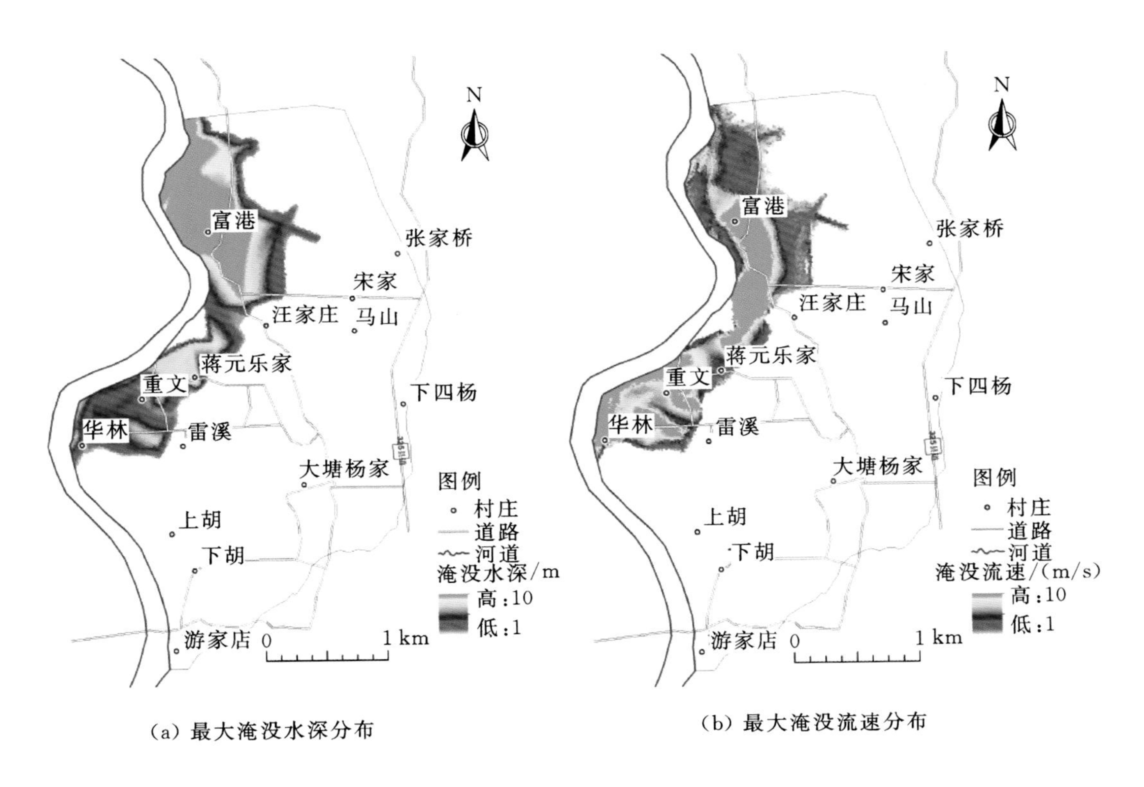

(a) 最大淹没水深分布

(b) 最大淹没流速分布

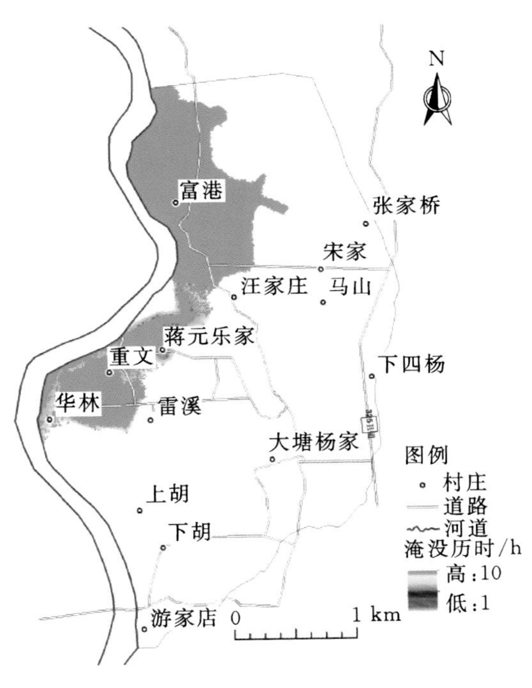

(c) 洪水淹没历时分布

图 5.7 洪水风险评价危险性指标标准化图

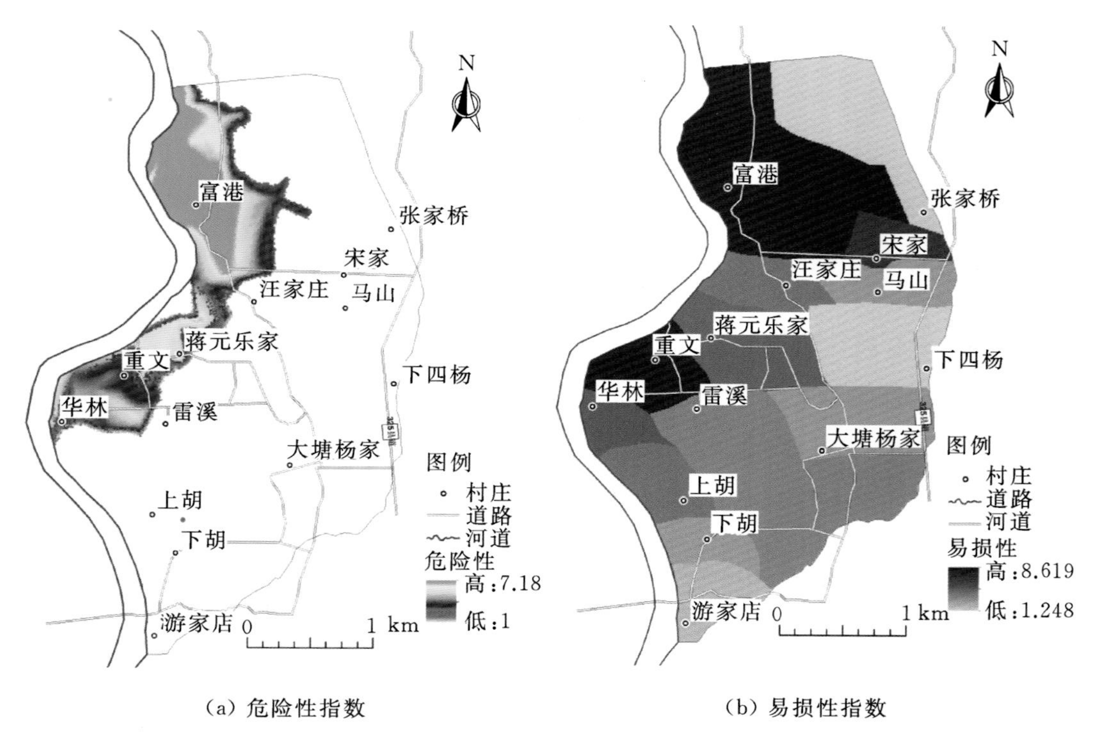

(a) 危险性指数

(b) 易损性指数

图 5.8 洪水风险评价指数

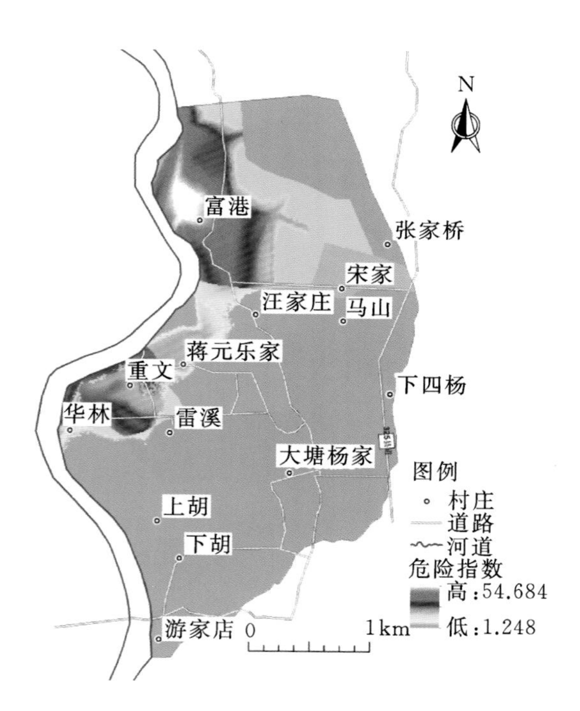

图 5.9 洪水风险评价综合风险指数

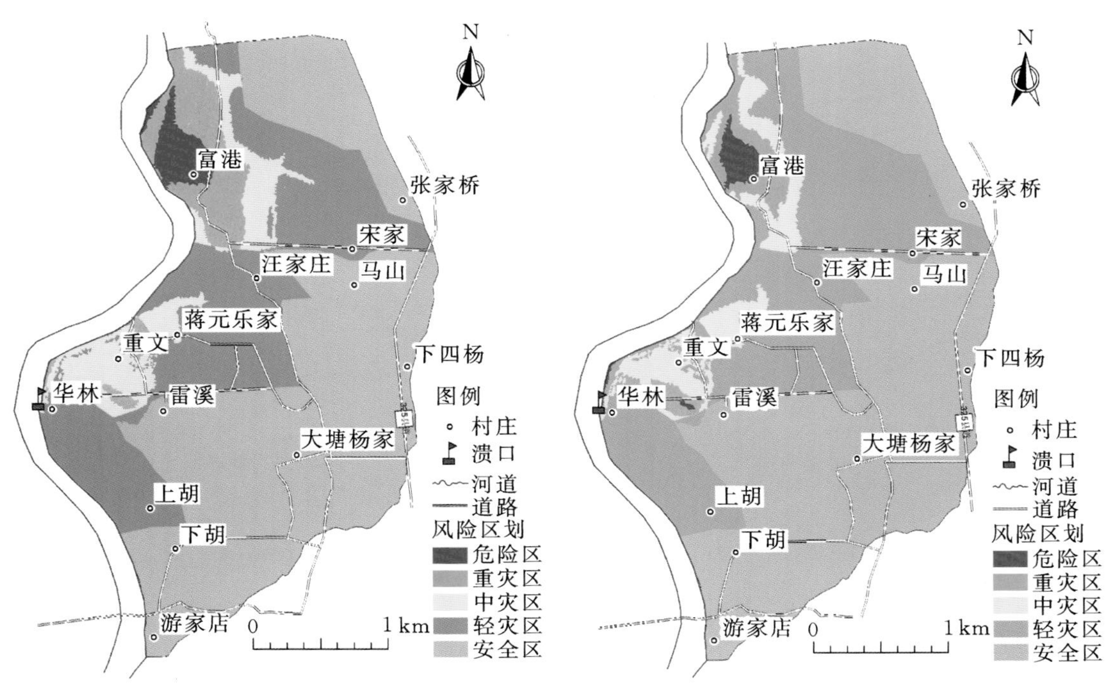

图 5.10　罗塘河堤防溃决（20 年一遇）洪水风险图

图 5.11　罗塘河堤防溃决（10 年一遇）洪水风险图

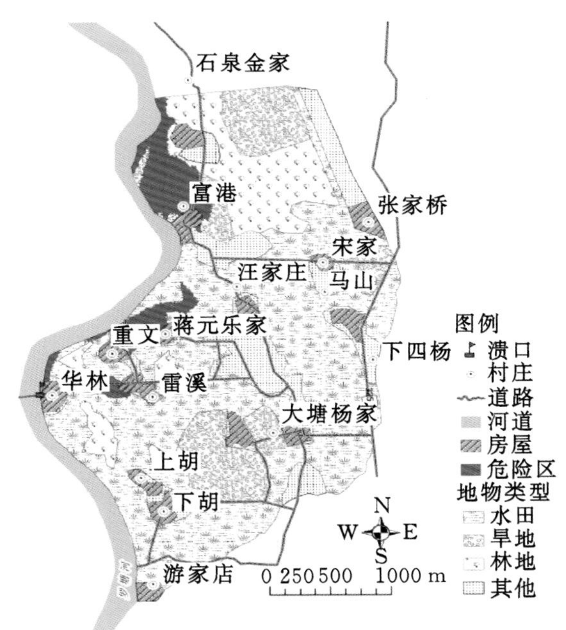

图 6.5　罗塘河研究河段危险区划

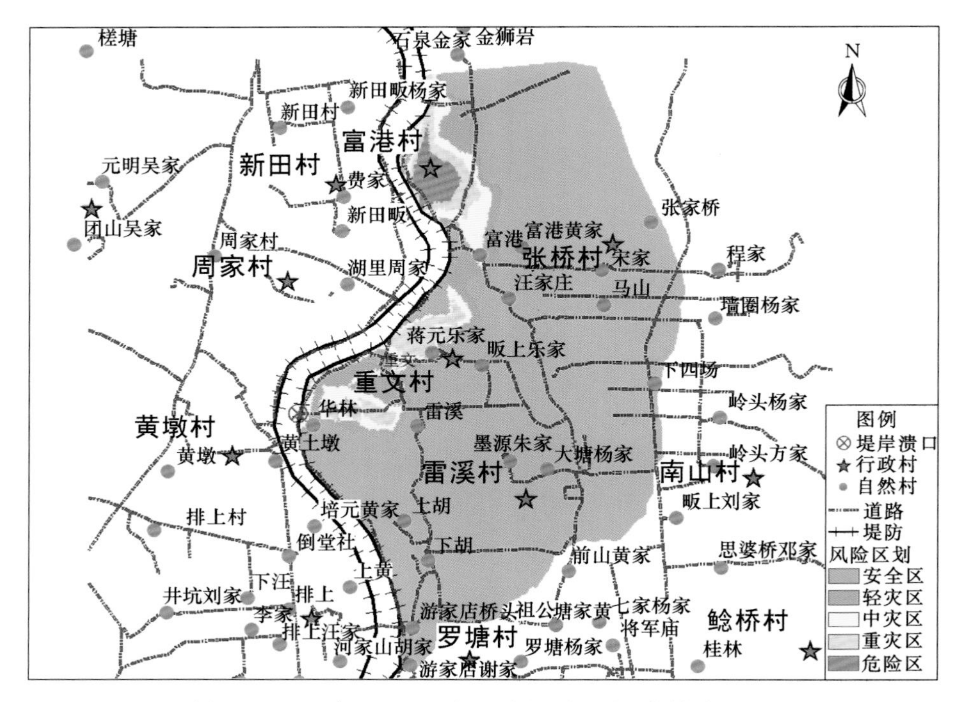

图 6.8 10 年一遇罗塘河溃堤淹没行政村范围图

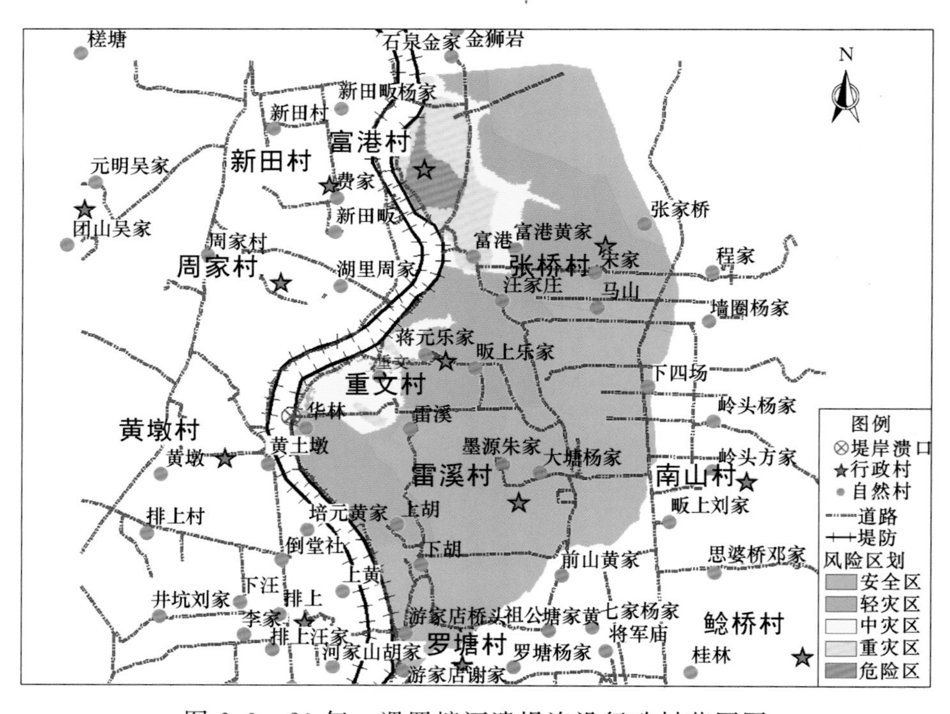

图 6.9 20 年一遇罗塘河溃堤淹没行政村范围图

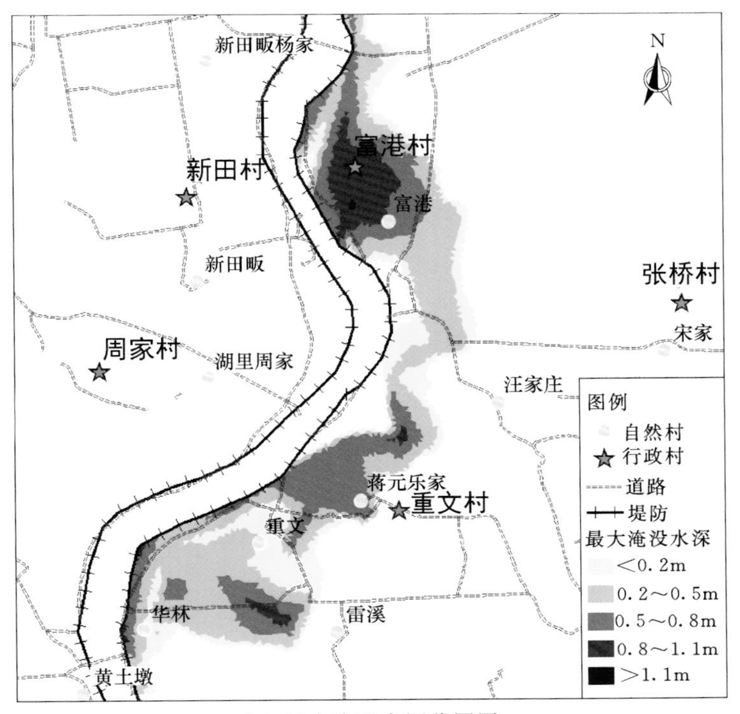

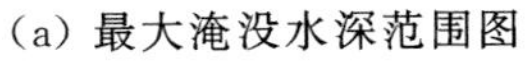

(a) 最大淹没水深范围图

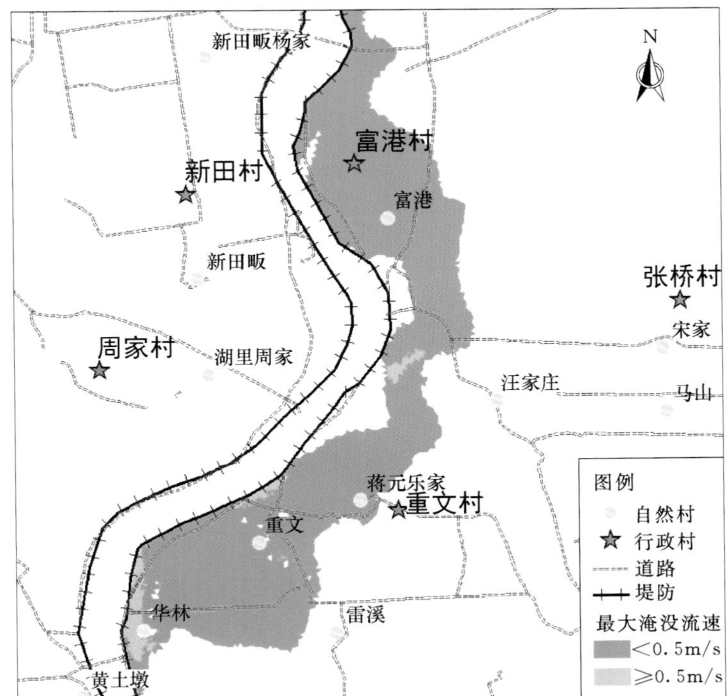

(b) 最大淹没流速范围图

图 6.10（一） 10 年一遇避洪转移方式划分标准图

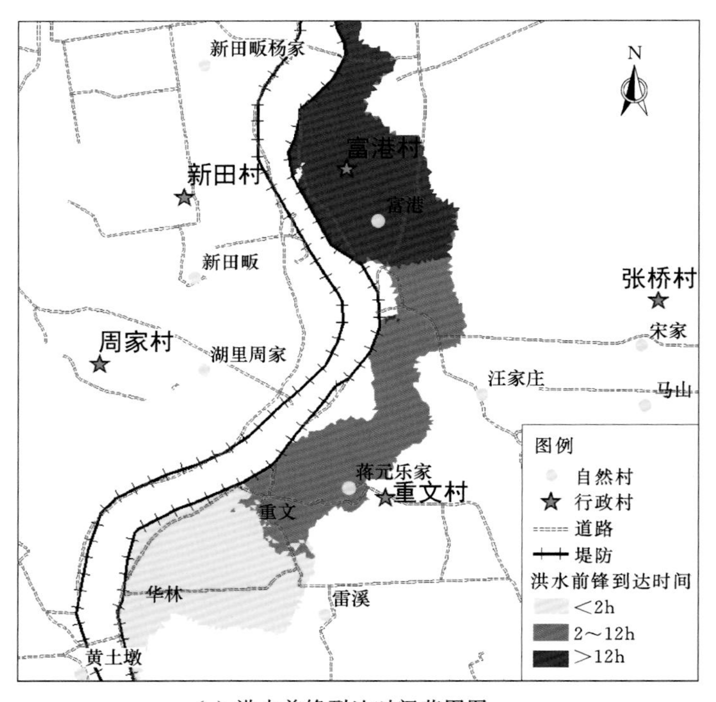

(c) 洪水前锋到达时间范围图

图 6.10（二） 10 年一遇避洪转移方式划分标准图

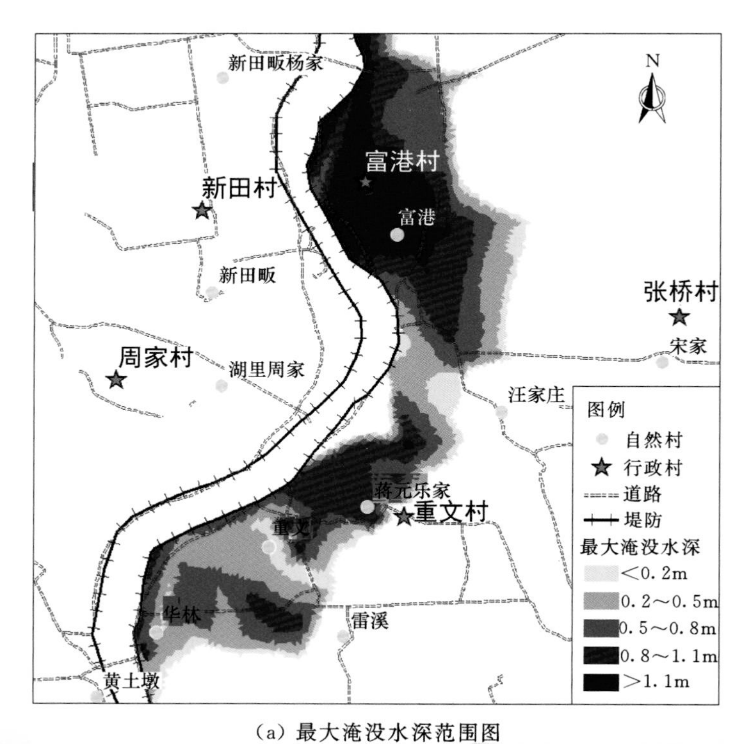

(a) 最大淹没水深范围图

图 6.11（一） 20 年一遇避洪转移方式划分标准图

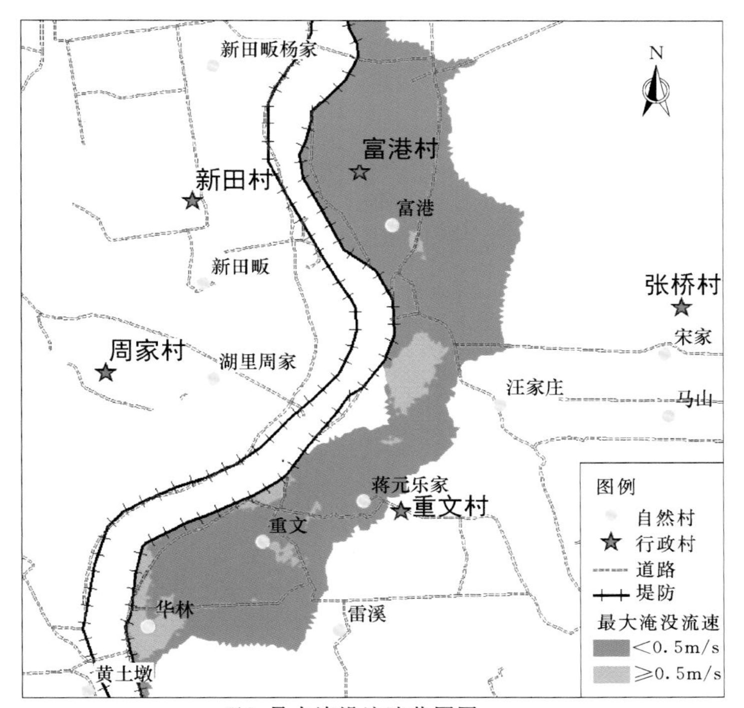

(b) 最大淹没流速范围图

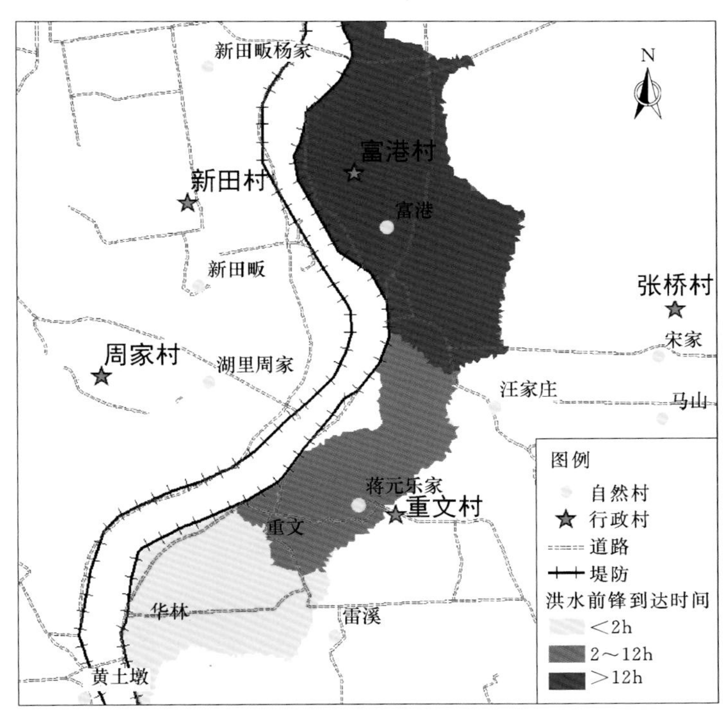

(c) 洪水前锋到达时间范围图

图 6.11（二） 20 年一遇避洪转移方式划分标准图

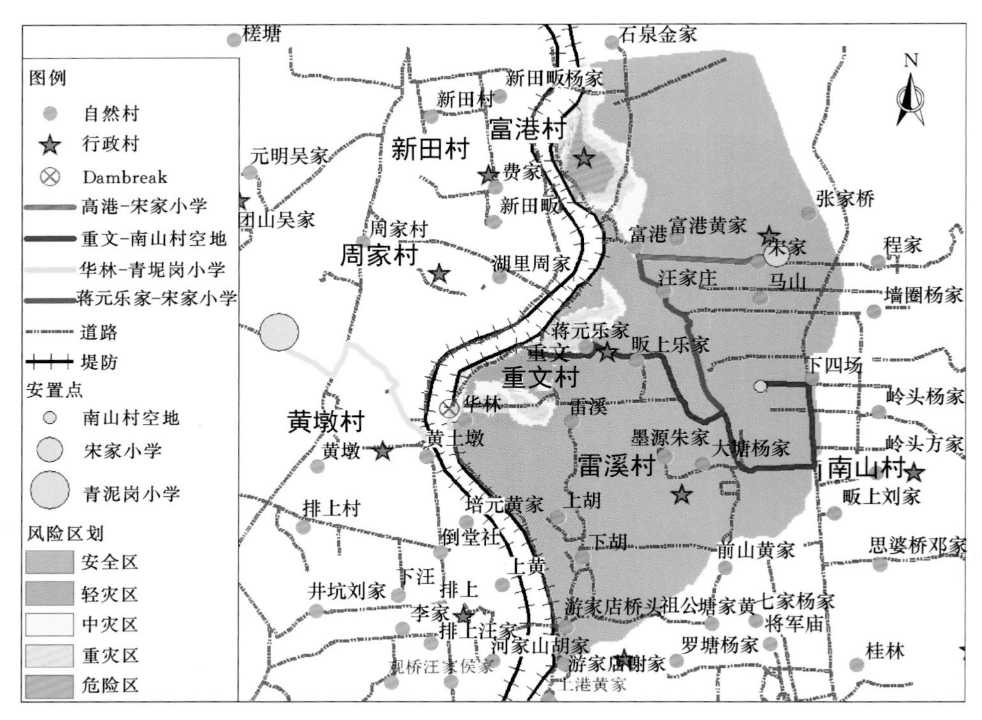

图 6.12　10 年一遇罗塘河溃堤避险路线转移图

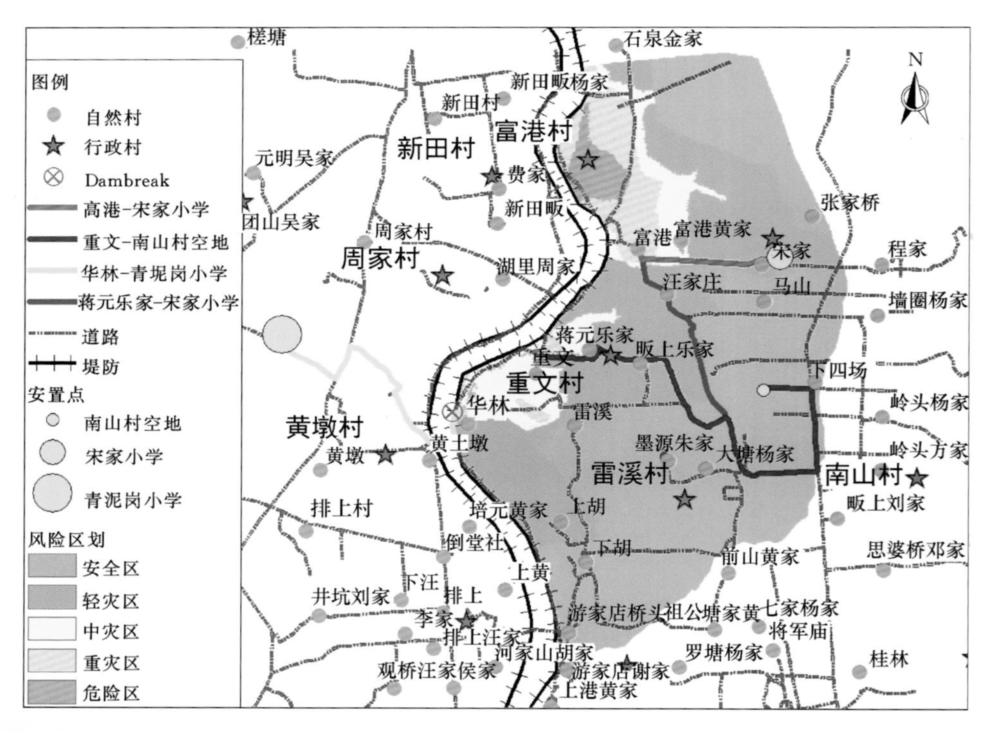

图 6.13　20 年一遇罗塘河溃堤避险路线转移图